Découvrez l'histoire par les archives de presse

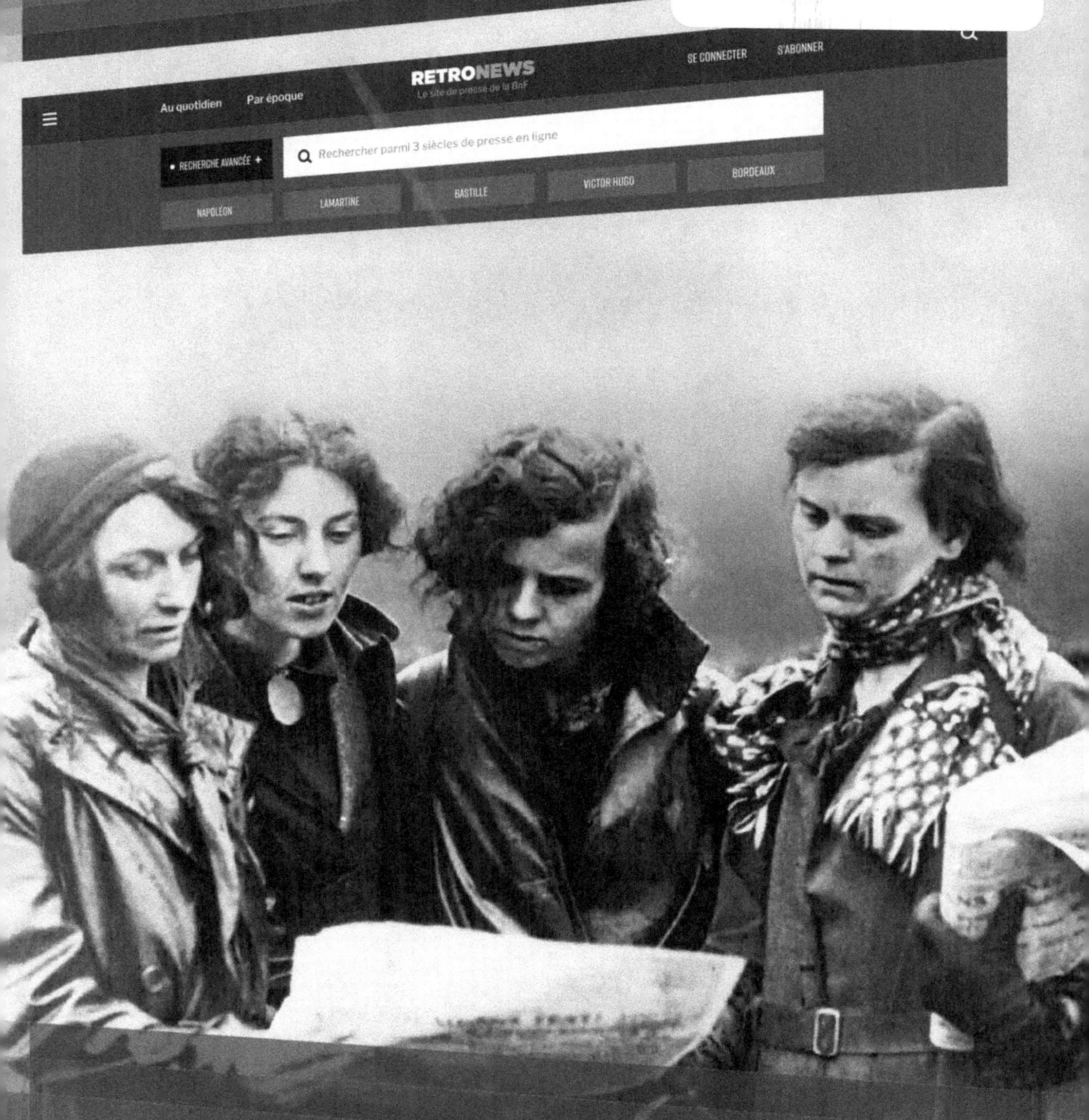

RETRONEWS

Le site de presse de la BnF

www.retronews.fr

ARCHÉOLOGIE

ET

HISTOIRE LOCALE

LA LIGUE SUR LES BORDS DE LA MEUSE

(Extrait de l'Histoire militaire de Dun)

Par ROBINET DE CLÉRY

Vers la fin du xvie siècle, les guerres de la Ligue eurent pour conséquence des événements importants à la frontière de la Lorraine, de la Champagne et du duché de Bouillon. L'enfant que le roi de France Henri II avait enlevé à sa mère, pour le faire élever près de lui, était devenu un homme. Il avait épousé la princesse Claude, fille de Henri II, et il régnait en Lorraine sous le nom de Charles III. En 1591, il était un des principaux adhérents de la Ligue. Dans sa lutte contre Henri IV, le duc de Mayenne occupait Verdun et il avait rassemblé une armée autour de cette ville. Le Pape avait envoyé 1200 chevaux et 2000 fantassins d'origine italienne, sous le commandement de son neveu, le duc de Monte-Marciano. Chemin faisant, cette troupe avait rallié 4000 Suisses des cantons catholiques qui se rendaient également à Verdun. De son côté, le duc Charles III y était venu en personne avec toutes les forces qu'il avait pu rassembler.

Les armées réunies du duc de Mayenne et du duc de Lorraine occupaient les deux rives de la Meuse jusqu'au dessous de Stenay, avec les places fortes de Verdun, de Montfaucon, de Dun, de Villefranche (1) et de Stenay. Au nord, s'étendait le duché de Bouillon, avec l'importante place de Sedan, dont l'héritière, Christine de la Marck,

(1) Charles III avait pris Villefranche le 8 octobre 1590. Il s'était également emparé de la ville de Jametz le 15 décembre 1588, et, après un long siège, le château de Jametz s'était rendu le 24 juillet 1589.

était le point de mire de nombreux prétendants. Quoique son frère, Guillaume-Robert de la Marck, lui eût légué son duché à la condition qu'elle épouserait un protestant, le duc de Lorraine « souhaitait ce mariage pour son fils, afin de joindre à ses Etats Sedan et Jamets, places fortes par leur assiète ». Ce prince ayant fait la guerre à Charlotte de la Marck après la mort de son frère, il ne voulait lui donner la paix qu'à cette condition (1).

Le politique prévoyant qu'était Henri IV ne devait pas laisser se réaliser ces menaçantes combinaisons. Le testament de Guillaume-Robert de la Marck plaçait sa jeune héritière sous la protection du Béarnais ; elle ne pouvait se marier sans le consentement du roi de Navarre, du prince de Condé et du duc de Montpensier. Henri IV témoignait à la princesse, âgée de treize ans seulement à la mort de son frère, la plus tendre sollicitude :

« Croyez, ma cousine, lui écrivait-il en mars 1588, que je porte aultant d'affection à la conservation de vostre personne et de vos places que des miennes propres.

« Votre bien affectionné cousin et meilleur amy,

« HENRY. »

C'est ce qu'il écrivait également à Mme de Laval, veuve de Guy de Coligny, qui s'était réfugiée à Sedan à la mort de son mari : « Je suis délibéré de n'abandonner point Sedan et ce qui est dedans que je tiens par trop cher ».

La réunion des armées du duc de Mayenne et du duc de Lorraine à Verdun était fort inquiétante pour la duchesse de Bouillon. Le 23 septembre 1591, Henri IV arriva à Sedan, où il passa trois jours. La grave question du mariage y fut traitée et résolue de la manière la plus imprévue. A ce moment revenait d'Allemagne Henri de la Tour d'Auvergne, vicomte de Turenne (père du grand Turenne) ; il avait obtenu du duc de Saxe un secours estimé par Dom Calmet à 16.000 hommes, partie reîtres et partie lansquenets, quatre pièces de gros canons et quatre pièces

(1) Jean-Auguste DE THOU. *Histoire universelle*, t. XI, p. 529.

de campagne (1). « Ce seigneur, dit de Thou, qui avait autrefois commandé les armées des Protestants, joignait beaucoup d'esprit et de valeur à une très haute naissance ». Appelé par Henri IV, il arriva le 24 septembre à Sedan, laissant en arrière les troupes qu'il amenait : « Il alla trouver le roi au ieu de paulme où il iouoit auquel il asseura que sõ armee estrangere estoit à une journée prez ».

Henri IV quitta le jeu de paume pour affaire plus sérieuse. Il avait résolu de marier la duchesse de Bouillon à ce gentilhomme entreprenant qui lui rendait, en lui amenant des renforts, un service signalé. La plupart des grandes villes — Paris, Rouen — étaient encore au pouvoir des Ligueurs. Il fallait laisser à la duchesse de Bouillon un protecteur capable de la défendre, ainsi que la place de Sedan : il lui présenta Henri de la Tour d'Auvergne. La duchesse y consentit « *de très bon cœur* », dit Agrippa d'Aubigné qui ajoute : « Bien qu'elle fût recherchée de plusieurs princes, tous ceux-là la marchandoyent comme l'oiseau la proye, et meditoyent la ruine de ce que cettui-ci vouloit defendre à bon escient ».

Cette importante négociation terminée, Henri IV alla recevoir à Vendy, sur les bords de l'Aisne, les Reîtres et les Lansquenets qui étaient arrivés d'Allemagne par Forbach, Saint-Avold, Mars-la-Tour et Conflans. La rencontre des deux armées eut lieu avec grande solennité le 29 septembre, jour de la Saint-Michel, enseignes déployées et au bruit des décharges d'artillerie. Cet événement est représenté dans une gravure allemande du temps, où l'on voit l'armée de Henri IV arrivant au camp de ses auxiliaires allemands.

Avec cet important renfort, Henri IV n'avait plus rien à

---

(1) Les chiffres de Mézeray diffèrent de ceux de dom Calmet qui sont sans doute exagérés :

« Il y avait, dit-il, onze mille hommes d'infanterie et cinq cens Reitres, ces levées faites aux dépens de la Reine d'Angleterre et des villes libres d'Allemagne, par la faveur de Georges, marquis de Brandebourg, de Casimir Prince Palatin, et de quelques autres Princes, et par la négociation du vicomte de Turenne. »

craindre de l'armée de Verdun. « Je pars présentement, écrivait-il le 30 septembre d'Attigny, avec partie de mon armée pour aller voir la leur, laquelle est logée à dix lieues de moi. »

C'est alors que commença l'incroyable chevauchée de trois jours, racontée par Henri IV lui-même dans une longue lettre au duc de Nivernais. Ceux qui connaissent le pays que traverse la Meuse entre Verdun et Dun se rendront compte de la prodigieuse activité du *diable à quatre* dont la seule approche faisait rentrer l'armée de Mayenne et du duc de Lorraine derrière les fortifications de Verdun.

« Mon cousin, écrivait-il le 3 octobre 1591 au retour de cette étonnante équipée, je suis arrivé en ce lieu de Grandpré, revenu de mon voyage, encore qu'il n'ayt pas réussi comme je l'eusse bien désiré, il n'est pas toutefois du tout inutile, et il n'a pas tenu à bonne diligence qu'il ne soit faict quelque chose de mieux, car, dès lundy (30 septembre), en passant près de ce lieu, et adverty que les troupes du duc de Lorraine estoient logées aux environs de Montfaucon, je m'y acheminay au grand trot, et arrivant à demye lieue près, sur le commencement de la nuict, je sus qu'elles en estoient délogées sur le midy, et que toute l'armée des ducs s'estoit resserrée d'effroy dans Verdun. Ce qui n'avoit peu loger dans la ville et aux faulxbourgs s'estoit campé le long de la contr'escarpe, de sorte que pour ne harasser point les miens davantage de ce qu'ils estoient, de douze ou quatorze lieues, je logeais à Renouville (1), près ledict Montfaucon, en délibération de veoir le lendemain les ennemis, et charger infanterie ou cavalerie, tout ce que je trouverois... »

La première journée — d'Attigny à Montfaucon — était forte. La seconde fut plus extraordinaire encore :

« ... et pour cest effect, continue Henri IV, je montay à cheval sur les dix heures du matin, et marchay avec toute mon armée jusques à une lieue et demye de Verdun. Là nous découvrismes cent cinquante chevaulx, de ceux de

____

(1) Rémonville.

Vitry et aultres qui estoient dans Montfaucon et qui en
sortirent en sourdine, lorsqu'ils virent arriver mes trouppes. Le Sᵣ de Givry envoya le capitaine Fournier devant,
avec vingt chevaulx, et le soustint avec trente, les suivirent au galop jusqu'à demye-lieue dudict Verdun, et,
voyant que l'alarme estoit en leur camp, il fut advisé qu'il
estoit plus à propos d'aller vers Mouza, où l'on me dit que
Amblise estoit avec huit cens chevaulx de ceulx des ducs
de Lorraine et de Mayenne, pour entreprendre quelque
chose sur le logis du Chesne, en espérant de les combattre
si nous les trouvions, ou pour le moins lever ledict logis.
Par les chemins nous trouvasmes quatorze ou quinze Albanoys qui conduisaient des charrettes de vivandiers, chargées de vivres, que nous prismes avec trois prisonniers des
dits Albanoys et sceumes d'eulx que ledict Amblise, ayant
l'alarme de nous, avoit tenu des vedettes par les collines,
et sitost qu'elles virent mes premières trouppes, il s'estoit
retiré par dedans les bois, mais que, si je leur voulois
couper chemin vers Douvilliers (1), je les pourrois trouver.
C'est advis me fit advancer avec quatre cens chevaulx et
passer un grand bois fort fascheux, faisant suivre le reste
de l'armée, et feus jusques à la portée du canon de Douvilliers, sans faire aucune rencontre, de sorte que en quatre
heures je me trouvay hors de mon Royaume en divers
pays, une fois en Lorraine, et l'aultre en Luxembourg (2),
où il n'y avait pas faulte de vivres ny de butin, si j'eusse
voulu rompre pour si peu de chose. Quoy voyant et qu'il
estoit déjà tard, mes trouppes fort lassées de deux grandes
journées, je me résolus de loger à Sivry-sur-Meuse... »

Ainsi, pendant cette seconde journée du 1ᵉʳ octobre,
Henri IV était allé de Montfaucon à Verdun, de Verdun à

(1) Damvillers.
(2) Depuis la conquête des Trois Evêchés par Henri II, Verdun
faisait partie du royaume de France. Au-delà du territoire de Verdun,
on rencontrait le duché de Lorraine. Damvillers, rendu à l'Espagne
par le traité de Cateau-Cambrésis, dépendait de nouveau du duché
de Luxembourg.

Damvillers, puis il était revenu sur ses pas jusqu'à Sivry-sur-Meuse. Il est vrai qu'il avait fait cette pointe sur Damvillers à la tête de 400 chevaux seulement.

Las d'une promenade militaire à grande allure, où l'ennemi s'esquivait toujours, le Béarnais se rapprocha encore une fois de Verdun.

« ... Et, pour ne m'en retourner pas sans veoir les ennemys de plus près, hier, dès l'aube du jour, je montay à cheval et me rendis avecq tout ce que j'avois emmené quant et moy, à une bonne lieue dudict Verdun, en esperance d'y presenter la bataille. Mais comme la proposition est aux hommes et la disposition en la main de Dieu, la pluye fut si grande et travailla tellement, par l'espace de trois grandes heures, mon armée déjà harassée d'aultres pluyes et de deux grandes journées passées avec beaucoup d'incommoditez, sans apparences que tel orage se deust moderer, mais plus tost continuer toute la journée, que je feus contrainct d'envoyer loger toutes mes trouppes en leurs quartiers, et avec deux cens chevaulx, entre lesquels mes cousins le duc de Montpensier et le prince d'Enhalt estoient avec vingt ou vingt-cinq Allemans, j'allay à demye lieue de Verdun recongnoistre la contenance des ennemys... »

Henri IV s'approcha tellement avec cette poignée d'hommes qu'il fut aperçu de la place. Une escarmouche de cavalerie s'ensuivit. Il la raconte avec sa verve habituelle. Il est curieux de constater combien son récit est différent de celui de dom Calmet. « Le duc Charles, dit l'auteur lorrain, à la tête de ses troupes et des troupes auxiliaires italiennes, napolitaines et suisses, sortit de la ville et rangea son armée en bataille, espérant que le roi Henri IV ne refuserait pas le combat ». Le combat, c'est ce que le Béarnais cherchait passionnément depuis trois jours sans pouvoir en rencontrer l'occasion. Cependant, en constatant le petit nombre de ses compagnons, un parti de cavalerie sortit de Verdun pour l'attaquer. Le gouverneur lorrain de Verdun était le comte d'Haussonville ; son fils prit part à cette sortie. « Le jeune baron d'Haussonville, dit encore

dom Calmet, fils du gouverneur, étant sorti des barrières
pour aller reconnaître la contenance des ennemis, fut
blessé aux deux jambes par les ennemis qui tiroient dans
les jambes de son cheval pour l'abattre, mais il eut le
bonheur de rentrer dans la ville, à la faveur d'une sortie
que fit Michel de Salin, commandant de la place, à la tête
de sa compagnie de Chevau-Légers. Salin se mêla si adroi-
tement parmi les ennemis qu'il n'en fut jamais reconnu et
qu'il rentra sur le soir sans aucun danger. »

Cet étrange récit est des plus suspects. Dom Calmet s'est
beaucoup inspiré des Mémoires manuscrits du jésuite de
Salin, frère du commandant lorrain de la place de Verdun.
Ce jésuite ne semble préoccupé que de glorifier jusqu'à
l'hyperbole les faits d'armes, vrais ou imaginaires, de son
frère. Dans l'histoire du siège de Sainte-Menehould, dom
Calmet raconte, d'après le P. de Salin, que le duc Charles
III « s'étant un peu trop avancé, les gens le prièrent de ne
pas hasarder sa personne et de modérer son courage. Il
répondit : « J'avais les deux Salin avec moi », voulant
marquer qu'il ne craignait rien ayant à ses côtés des officiers d'une telle valeur. »

Du récit de la sortie de Verdun, il semble résulter que le
jeune d'Haussonville et Michel de Salin ont porté la peine
de leur témérité, qu'ils ont pris la fuite et qu'ils sont ren-
trés dans la place comme ils ont pu.

Ce combat assez meurtrier ne laissa pas à Henri IV, bon
juge en matière de courage, une haute idée de la valeur de
ses adversaires, car sa lettre ajoute :

« La meilleure cavalerie qui soit en leur armée, c'est
celle qui estoit venue à ce combat, duquel ils ont laissé
beaucoup plus d'honneur aux nostres et d'envie de bien
faire à nos estrangers qui les ont veus qu'ils n'en ont rapporté de proffict et de réputation. J'en fais garder les
casaques pour vous les montrer. Ce qui me confirme
encores plus en ceste opinion, c'est que, en tant de logis
que mes trouppes ont tenus fort escartez, trois jours du-
rant, assez près d'eulx, ils n'ont jamais eu la hardiesse de
nous donner une seule alarme. »

L'armée royale revint à Grandpré par Montfaucon, dont elle s'empara. Henri IV ajoute en post-scriptum :

« Mon cousin, je ne veux oublier à vous dire que le cappitaine Bataille qui estoit dans le fort de Montfaucon et qui tira fort sur nous quand nous passasmes auprès, est parti d'effroy, et a quitté la place sitost qu'il a sceu mon retour. Je y ay mis le cappitaine Flamanville avecq trente chevaulx, en attendant que j'aye advisé avecq vous ce qui s'en devra faire. »

Les troupes italiennes envoyées par le Pape à l'armée de Mayenne s'avisèrent de poursuivre Henri IV. Mal leur en prit. « Elles furent, dit dom Calmet, entièrement défaites au-delà de Sainte-Menehould par les troupes du Roi. En s'éloignant définitivement, Henri IV envoya un trompette au comte d'Haussonville, lui recommandant, avec sa bonhomie ironique, « de lui conserver Verdun. » Il continua sa route en s'emparant, le 6 octobre, de la forteresse d'Hautmont : « Sa Majesté voulut lui-mesme pointer le canon et fit dôner au mitan du portail ; ce coup fut si heureux que le Capitaine, le Lieutenant et l'Enseigne en furent tuez, ce qui bailla une telle espouvante aux assiegez qu'ils monstrerent un chapeau sur la muraille pour signal qu'ils vouloient parlementer. »

Cependant Henri IV ne perdait pas de vue le mariage de la duchesse de Bouillon. Le 11 octobre, il était de retour à Sedan. Il s'y trouvait encore le 14 et le 15 : il assistait le 15 au contrat de mariage de l'héritière du duché de Bouillon avec le vicomte de Turenne. Agrippa d'Aubigné dit que « le contrat fut passé le 15 octobre 1591 et accompli le 19 novembre après aux conditions qu'il porterait le nom de Bouillon ». Magnifique récompense accordée par Henri IV à Henri de la Tour d'Auvergne pour ses éminents services. Le contrat portait qu'il avait été dressé « en présence et de l'advis et consentement du Roy », du duc de Montpensier, oncle et tuteur de la petite duchesse, et de son cousin germain, Messire de Luxembourg, comte de Brienne et de Ligny.

L'armée royale s'emparait d'Aubenton le 20 octobre. Le

ARRIVÉE DE HENRI IV

MARIAGE DU DUC DE BOUILLON

Nancy. — Imp. Barbier et Paulin.

LEVÉE DU SIÈGE DE STENAY

BATAILLE DE BEAUMONT

même jour, Henri IV reparaissait à Sedan, où il signait l'acte donnant à Turenne le commandement de l'armée royale opposée au duc de Lorraine. Il s'y trouvait encore le lendemain, puis il prenait la route de Vervins qui tombait en son pouvoir le 29 octobre.

La date du contrat de mariage de la duchesse de Bouillon, passé en présence du roi le 15 octobre, et la date de son mariage, célébré le 19 novembre, sont certaines. Il n'en est pas de même de celle d'un autre événement dont se sont occupés les chroniqueurs et qui aurait eu lieu, suivant les uns, la nuit même de ces noces, et, suivant les autres, la veille du jour auquel elles avaient été fixées. Agrippa d'Aubigné, Mézeray, Baluze, auteur d'une histoire généalogique de la maison d'Auvergne publiée en 1708, racontent le fait à peu près dans les mêmes termes et ne diffèrent que sur la date.

Laissé seul à la tête de l'armée royale sur les bords de la Meuse, avec la perspective de l'union princière qui devait lui donner rang parmi les maisons souveraines, Henri de la Tour d'Auvergne voulut mériter par une action d'éclat ses hautes destinées. « Au lieu de vous conter les nopces, raconte Agrippa d'Aubigné, j'aime mieux vous dire qu'à la minuict de leur consommation, le duc de Bouillon, qui estoit hier vicomte de Turenne, averti que la garnison de Stenai estoit accrue pour une entreprise sur Sedan, quitta le lict et les délices pour, à une heure que les ennemis n'eussent jamais attendue, aller surprendre Stenai avec fort peu de résistance. C'est une ville qui avait cousté au roi Henri second deux cents mille escus à fortifier, et depuis négligée par les ducs de Lorraine. La guerre avait donné envie de la remettre en estat ; sur le point de quoi on estoit, quand le duc de Bouillon prit envie de continuer l'ouvrage ; mesme pour ce que Jamets, après un long siège, s'estant rendu par capitulation, le seigneur de Sedan estoit la souris d'un pertuis. Pour donc lui affranchir les coudes se fit l'entreprise de Stenai, sans autre finesse que de faire porter quatre eschelles posées à quatre heures du matin, quoique les guides se fussent perdus un temps. Trois estans

montés, la sentinelle les attaqua avec une hallebarde et les
mit en peine. Une ronde y accourt, accompagnée de deux,
ceux-là tuez. Huict montent, trouvent le corps de garde qui
venoit à eux et le desfont. Dix-huit hommes ralliez sur-
viennent, et sont rompus par dix qui avoient monté. Et
lors les compagnies vindrent avec haches abattre le pont
au duc qui empescha les ralliemens. »

Françoise Mauretour, femme de Nicolas Blanchart,
bourgeois de Stenay, s'illustra par une résistance déses-
pérée. Elle s'arma comme un soldat et combattit avec les
troupes de la garnison qui s'efforçaient de repousser les
assaillants. Presque tous ceux qui refusèrent de mettre bas
les armes furent tués.

L'escalade de Stenay, la nuit même des noces, touche à
la légende. Il paraît bien difficile que, de minuit à quatre
heures du matin, une troupe emmenant une voiture chargée
d'échelles ait pu franchir la distance qui sépare Sedan de
Stenay (35 kilomètres), « les guides s'étant perdus un
temps ». Mézeray apporte à ce récit une variante qui le
rend moins invraisemblable. D'accord avec d'autres chroniqueurs, il parle, non de la nuit des noces, mais *du jour
de devant les noces.* Il est vrai que Baluze, plus d'un siècle
après, s'en tient à la légende qu'il estime plus glorieuse
pour la maison d'Auvergne dont il écrit le panégyrique :
« Le propre jour de ses nopces avec l'héritière de Sedan,
dit-il, et non la veille de son mariage, comme M. de Meze-
ray l'a escrit, au lieu de s'abandonner aux réjouissances
d'une si grande feste, préférant le service du Roy à toutes
les douceurs que luy pouvoit promettre cette première
nuict avec sa nouvelle espouse ; bien loin de se donner
entièrement à ces premiers plaisirs du mariage, comme si
la satisfaction d'estre victorieux des ennemis de l'Estat
estoit quelque chose de plus considérable, il quitta le lict
et la compagnie de son espouse et s'en fut cette mesme
nuict surprendre et réduire la ville de Stenay en l'obéissance du Roy. »

Un document peu connu donne une troisième date qui
est peut-être la vraie — celle du 27 octobre 1591. C'est une

gravure allemande de Hogenberg, représentant Henri de la Tour d'Auvergne à cheval, quittant sa résidence d'*Esdan* (Sedan), où des cuisiniers et des marmitons préparent le festin des noces. Dans la plaine, on aperçoit une colonne de gens de guerre escortant des voitures chargées d'échelles, et, à l'horizon, *Astenay* escaladé.

Au pied de cette gravure se lisent trois versets en langue allemande :

> *Im Weinmondt anno neunzig ein*
> *War den viconten von Turein*
> *Hochzeyt bestimt, mitt die Furstin*
> *Von Boullion, sein liebste Freundin.*
>
> *Als aber dem Vicont gemeldt*
> *Von Astenay wardt furgestelt*
> *Wie die fürmemsten capitain*
> *Gezogen bei dem von Lorein.*
>
> *Samlet sein volck so viel er kan*
> *Mit Hilff der burger von Esdan*
> *Besteygt gewint Astenay bald*   *An 1591*
> *Die Hochzeyt wirt zurück gestellt.*   *am 27 octob.*

> Au mois des vendanges an quatre-vingt onze
> Etait du vicomte de Turenne
> Le mariage fixé avec la princesse
> De Bouillon, sa très chère amie.
>
> Mais comme il fut annoncé au Vicomte
> Et de Stenay bien établi
> Que les plus illustres capitaines
> Etaient attirés auprès du chef des Lorrains.
>
> Il assemble ses gens si nombreux qu'il le peut
> Avec l'aide des bourgeois de Sedan
> Il escalade et conquiert vite Stenay   An 1591
> Le mariage sera célébré au retour.   le 27 octobre.

Avec cette date du 27 octobre, tout s'explique. Le contrat de mariage avait été signé le 15, et la cérémonie avait été fixée à la date la plus prochaine dans ce même mois d'octobre — le mois des vendanges — Weinmonat. La fête devait avoir lieu le lendemain 28, on était dans toute la fièvre des préparatifs lorsqu'arrive de Stenay la nouvelle qu'il s'y fait une concentration de chefs lorrains menaçante pour Sedan. Henri de la Tour d'Auvergne, convaincu qu'à pareil jour aucune précaution n'est prise contre lui, se décide à en profiter ; il part et il prend Stenay par escalade dans la nuit du 27 au 28 octobre — la veille du jour fixé pour ses noces. C'est Mézeray qui a raison contre d'Aubigné. L'expédition retarde le mariage, soit qu'il ait fallu quelques jours pour mettre cette importante conquête à l'abri d'un retour offensif, soit que la jeune duchesse de Bouillon ait voulu faire attendre à son tour son trop belliqueux époux. Le mariage n'est célébré que le mois suivant — 19 novembre.

Henri IV, informé de cette importante conquête, s'empressa de donner le commandement de « sa ville de Stenay » au Sr de Cornay, gouverneur de Sainte-Menehould.

Depuis le commencement du siècle, le roi de France, l'Empereur et le duc de Lorraine se disputaient Stenay. C'était pour les Français la clé du Luxembourg, et pour l'invasion de la France la clé de la Champagne. François Ier en avait obtenu la cession du duc Antoine, cession contre laquelle Charles-Quint et sa sœur, la reine Marie de Hongrie, gouvernante des Pays-Bas, avaient vivement protesté. En 1552, pendant que Henri II s'emparait de Metz et conduisait son armée jusqu'au Rhin, une armée levée par Marie de Hongrie s'était emparée de Stenay d'où elle avait fait une incursion jusqu'à Grandpré, saccageant tout sur son passage. Au retour de Henri II, elle avait abandonné Stenay en l'incendiant. Henri II, rentré en possession de cette place que François Ier considérait comme indispensable à « la seureté des frontières du royaume de France », y avait fait de grands travaux de fortification, mais le traité de Cateau-Cambrésis l'avait obligé à la rendre au duc de Lorraine.

Le duc Charles III apprit la perte de Stenay avec le plus vif déplaisir. Il était alors à Coiffy, près de Langres. Il résolut de la reprendre de vive force : il s'y rendit de sa personne et la ville fut investie le 25 novembre — ce qui est une preuve de plus que l'escalade du duc de Bouillon n'avait pu avoir lieu dans la nuit du 19 au 20. Comment, en si peu de temps, le duc de Lorraine aurait-il pu être averti à une pareille distance et conduire devant Stenay une armée de siège pourvue d'artillerie ?

La ville était défendue par Ténot, capitaine des gardes du duc de Bouillon, officier d'une grande valeur, qui devait périr l'année suivante lors de la prise de la forteresse de Dun. Stenay paraissait être à toute extrémité. L'assaut allait être donné, lorsqu'une vigoureuse sortie mit en fuite la garde des tranchées. Les canons furent encloués, la mine démolie et les mineurs tués. « Le duc de Lorraine, dit Agrippa d'Aubigné, laissant aux ennemis son manteau et son espée, et y perdoit son fils, mais il se sauva, faute d'être connu. »

Cette sortie est représentée par une des curieuses gravures allemandes de la collection d'Hogenberg. D'après la gravure, qui est signée Yffenbach, le fait se serait passé le 13 décembre 1591. On y voit *Astenay* entouré par la Meuse. Devant la ville, quatre canons sont en batterie. Des cavaliers sortent de Stenay et mettent en fuite les assiégeants, tandis que quelques-uns d'entre eux détruisent les ouvrages et enclouent les canons.

Le duc de Bouillon se préparait alors à amener des renforts à Henri IV qui rencontrait de sérieuses difficultés dans sa campagne de Normandie. Il profita de la réunion « des gens qu'il avait amassés » dans ce but pour compléter l'œuvre de Ténot ; s'étant rendu à Stenay, il obligea le duc de Lorraine à lever le siège le 17 décembre 1591. Dom Calmet met cette retraite sur le compte de « l'incommodité de la saison ». — « Le grand veneur de Lorraine, dit-il, Louis-Jean de Lenoncourt, y fut tué d'un coup de canon aux côtés du duc Charles. » — « En même temps, ajoute-t-il, par représailles Charles III assiège et prend Villefranche. » Il commet une incroyable erreur : Villefranche était, depuis le 8 octobre 1590, au pouvoir des Lorrains.

Le nouveau duc de Bouillon rejoignit Henri IV devant

Rouen. En avril 1592, il était à l'armée royale forcée de
battre en retraite. « Le Roi, dit de Thou, chargea Henri
de la Tour, duc de Bouillon, à qui il venoit de donner le
baton de maréchal, de fermer la marche de l'armée avec
800 chevaux pour soutenir l'effort de l'ennemi, s'il venoit à
faire une sortie dans le temps qu'on décamperoit de Dar-
nétal. Le maréchal s'acquitta de sa commission avec beaucoup de soin et de bonheur. »

Le duc Charles III avait profité de l'absence de ce redou-
table adversaire. Le Grand Maréchal de Lorraine, Africain
d'Anglure, prince d'Amblise, « ayant tiré des forces des
garnisons de Verdun, Clermont, Dun, Villefranche, et
autres lieux circonvoisins en Champagne », avait mis le
siège devant Beaumont, petite forteresse dépendant du
duché de Bouillon.

Le maréchal de Bouillon venait de rentrer dans son
duché, reconduisant jusqu'aux frontières les Reîtres et les
Lansquenets qu'il avait amenés à Henri IV. L'agression
des Lorrains le piqua au vif. Il réunit une petite troupe
empruntée aux garnisons de Stenay, Sedan, Donchery, et
le 14 octobre 1592, il alla attaquer les assiégeants dans
leurs lignes. L'armée lorraine fut battue à plate couture ;
son chef d'Amblise périt dans la mêlée, ayant reçu, dit
Baluze, « une arquebuzade dans la visière, qui lui trans-
perça la teste ». Le maréchal de Bouillon fut lui-même
blessé de deux coups d'épée, l'un au visage sous l'œil droit,
l'autre au petit ventre. Mais il n'était pas homme à s'arrêter pour si peu. « Le chef des royaux, dit Agrippa d'Aubigné, qui estoit en pourpoint, eut deux coups d'espées au
corps, de l'un desquels ayant mauvaise opinion, résolu
d'achever, il s'arma et prit commodité de pousser un mou-
choir sous la cuirasse pour arrester le sang ».

Une gravure d'Hogenberg représente également ce
combat avec légendes explicatives.

Pendant que des batteries de siège font feu sur la ville,
l'armée lorraine, ayant au centre 2500 fantassins, 700 cavaliers à l'aile droite et 300 cavaliers à l'aile gauche, est
attaquée par l'armée royale, commandée par le maréchal

duc de Bouillon et composée seulement de 600 fantassins et de 400 cavaliers. A la tête de l'armée lorraine, d'Amblise est renversé de cheval. Puis un long convoi se dirige vers Hesdain (Sedan). Il se compose de 500 prisonniers, de 8 cornettes et de 15 drapeaux pris aux Lorrains. Dans ce convoi figure le cercueil d'Africain d'Ambise, suivi de son principal lieutenant qui est conduit prisonnier à Sedan.

Stenay pris, Beaumont délivré, Dun se trouvait bien menacé. Cette conquête tentait d'autant plus l'entreprenant duc de Bouillon qu'il était, par sa femme, l'héritier des prétentions que Robert II de la Marck avait soutenues les armes à la main contre le duc René II.

Il fit habilement reconnaître la place et, quelques semaines après le combat de Beaumont, il s'en empara par un coup d'audace couronné de succès.

Dun avait alors une garnison importante. Quatre compagnies gardaient la ville-basse et communiquaient par la Porte aux Chevaux avec deux compagnies de cavalerie et une compagnie d'infanterie qui défendaient la ville-haute. Celle-ci ne pouvait être abordée que par la porte de Milly dont les fortifications étaient des plus sérieuses.

Entre les deux tours qui flanquaient cette porte, l'assaillant rencontrait dans un espace très resserré deux portes et un double système de herses qu'il fallait forcer, — puis une troisième porte coupant la rue qui conduisait au donjon.

Le maréchal de Bouillon réunit une petite troupe de 260 hommes aguerris, commandés par des chefs énergiques, et, dans la nuit du 6 au 7 décembre 1592, sans artillerie, muni seulement de quelques pétards, il conduisit lui-même l'expédition.

Ce fait d'armes est raconté dans les Mémoires de la Ligue, publiés à Amsterdam en 1758 (1), dans un *Bref discours — sans nom d'auteur -- de ce qui est advenu en la prise de la ville de Dun sur le duc de Lorraine par le duc de Bouillon au commencement de décembre 1592.*

______

(1) Tome V.

Cette relation est certainement beaucoup plus ancienne et contemporaine du fait lui-même, car elle a visiblement inspiré le récit que font de cet événement de Thou et Agrippa d'Aubigné.

« Le duc de Bouillon, dit ce *Bref discours*, fit reconnaître la ville de Dun sur la rivière de Meuse, à huit lieues de Sedan, par un des siens, homme avisé et de valeur, nommé Noël Richer (1), lequel lui ayant rapporté la facilité qu'il avoit eue d'aborder la porte de la ville haute et basse, lui fit penser aux autres moïens de passer outre et entreprendre de l'emporter : aïant aussi eu avis d'ailleurs qu'il n'y avoit que trois portes et un rateau entre la seconde et la troisième, qui lui faisoit juger que par la proximité desdites portes le pétard emporteroit les deux, et qu'avec des treteaux le rateau serait empêché de tomber jusqu'au bas, de sorte que par dessous il y auroit passage. Ces considérations proposées et discourues par mondit seigneur en lui-même, il se résolut de l'exécuter entre le dimanche et le lundi 6 et 7 décembre. Et pour ce faire il part de Sedan sur les trois heures après-midi dudit dimanche, assisté de Monsieur des Autels, suivi des sieurs de Morgni, Vaudoré et Fontaine, et du sieur de Vandi et de Remilli avec sa compagnie de cavalerie : aïant donné aux autres troupes de ses susdites garnisons de Sedan et Stenay le rendez-vous à sept heures du soir du même jour au village d'Inault, une lieue près de Stenay, lesquelles troupes étoient lors logées en trois villages près de Douzi, à trois lieues ou environ de Sedan. Revenant (après la prise du château de Charmoi près Stenai) de faire une course en Lorraine et sur le Verdunois, se trouvèrent audit rendez-vous, et ayant marché jusqu'à un quart de lieue près la ville mondit seigneur fit mettre pied à terre à tous ceux qu'il avoit choisis et élus pour donner les premiers à l'exécution. »

Dans Agrippa d'Aubigné, l'indication des lieux et des distances est un peu différente :

(1) « Homme de beaucoup de courage et d'industrie ». (Jean-Auguste DE THOU. *Histoire universelle,* t. XI).

« Le duc de Bouillon, qui, ayant au commencement de
décembre fait prendre Charmoi, donna rendez-vous de ses
troupes à Ainaut ; six jours après marche à un quart de
lieue de Dun, là met pied à terre... »

Il n'existe ni Inault ni Ainaut aux environs de Dun ni
de Stenay. Il s'agit sans doute d'Inor, à une lieue au nord
de Stenay, lieu de concentration très bien choisi pour des
troupes venant de Sedan ou de Douzy. On n'y risquait
aucune surprise, Stenay étant au pouvoir du duc de
Bouillon. A Stenay, on prit le capitaine Ténot, son lieutenant Deguyot, et quelques arquebusiers, puis l'expédition
s'approcha sans bruit de la forteresse de Dun. A un quart
de lieue, les cavaliers mirent pied à terre ; on continua à
avancer lentement en silence et en prenant les plus grandes
précautions. D'Inor à Dun, la distance est de 18 kilomètres ;
il était facile de la franchir de 7 heures du soir à 3 heures
du matin.

. Le duc de Bouillon avait tout réglé dans les moindres
détails. « Lors, dit le *Bref discours*, il mit l'ordre qu'il
voulut y être observé. C'est que le susdit Noël Richer
prendroit le premier pétard, le sieur Ténot, capitaine de
ses gardes, le second, du Sault le tiers, Bétu le quart, et
La Chambre le cinquième, Deguyot, lieutenant de Ténot,
porteroit les mèches, du Sault, capitaine d'une compagnie
de gens de pied à Stenai, et Boursies avoient un tréteau :
après eux marchoient dix hommes armés et dix arquebusiers, de la garde de mondit seigneur, commandés par le
sieur de Marri, lieutenant du sieur d'Estivaux, gouverneur
de Sedan, puis quarante hommes armés de la troupe de
mondit seigneur, et de celle du sieur Fournier, commandés
par le sieur de Caumont, cousin de mondit seigneur, et du
sieur de Vandi, avec deux cents arquebusiers tant des
gardes de mondit seigneur que de la garnison de Stenai. »

En tout 260 hommes, ayant à leur tête les meilleurs
officiers du duc de Bouillon, bien connus de lui et dévoués
à sa personne. Sans bruit, par la nuit noire, évitant tout
ce qui pouvait donner l'alarme, la petite troupe s'avançait.
Elle avait quitté la route qui suit le cours de la Meuse, et

elle s'approchait avec une extrême prudence de la porte de
Milly, seul point par où il fut possible d'aborder du côté du
Nord ou de l'Est l'enceinte fortifiée de la ville-haute de
Dun, que la Meuse rendait inaccessible du côté de l'Ouest.

« Au petit Fauxbourg qui est devant la porte (1), il y
avoit depuis quelques jours quatre soldats qui y faisoient
garde, l'un desquels apercevant Richer et Deguyot (2) qui
marchoient, leur tire une arquebusade en leur demandant :
Qui va là ? Ce qui ne les arreta pas, ains passèrent outre.
Mais incontinent, étant encore éloignés de la muraille de
cinquante pas, la sentinelle leur demanda : Qui va là ? Et
les voïant marcher sans mot dire, leur tira, et encore deux
autres après. En même temps Noël Richer leur dit qu'ils
avoient tort, qu'il était un pauvre homme marchand que
les Huguenots avoient dévalisé. Le Gouverneur, nommé
Mouza (3), là venu à cette allarme, s'enquiert : lui marche
toujours, de sorte que les citadins reconnoissoient qu'il
approchoit et lui crient qu'il s'arrete. Lui se voïant à six
pas de la porte, leur dit que Monsieur de Bouillon vouloit
diner là-dedans, et alors force arquebusades, au son desquelles il pose son pétard qui fit grand bruit et fort bien
son effet à la première porte. Il pose l'autre à la seconde,
qui fit encore bien, mais soudain ils abattirent le rateau en
herse, et d'une pierre portent Richer par terre. Le capitaine Ténot prend le troisième pétard des mains de du
Sault, et le fit jouer contre le rateau qui fit fort peu. Il
reprend le quatrième que portoit Bétu, lequel posé fit un
trou où un homme en se courbant fort près de terre pouvoit passer. Les arquebusades cependant n'étoient épar-
gnées par les assaillis, et les coups de pierre, jettés incessamment et des deux tours étant aux deux côtés de la porte,
ne manquoient à ces premiers joueurs. Par ce trou environ
soixante hommes entrent, nonobstant la vive résistance

(1) Ce faubourg, dit faubourg de Saint-Gilles, était groupé autour
de l'antique prieuré de ce nom fondé en 1094.

(2) Richer portait le premier pétard et Deguyot les mèches.

(3) Claude de Mouzay, capitaine de Dun-le-Chastel.

des assaillis, et donnent jusqu'au milieu de la ville. Lors les ennemis firent encore tomber une autre forme de rateau, qui ota presque le moyen de plus y entrer. Toutefois Dieu voulut qu'une des pièces n'acheva de tomber, et par ce moïen, laissa un petit passage, mais si dangereux que de vingt qui s'y hasardèrent les quinze furent blessés. » .

La troupe du duc de Bouillon se trouvait ainsi divisée en deux parties ; — une moitié environ avait fini par pénétrer dans l'intérieur de la ville ; l'autre moitié restait dehors sans pouvoir secourir les premiers assaillants. . Ceux-ci, parfaitement renseignés sur l'état des lieux, avaient couru fermer la poterne, dite Porte aux Chevaux, . de sorte que la garnison de la ville-haute ne pouvait recevoir aucun secours des quatre compagnies qui défendaient la ville-basse. Le duc de Bouillon entendait le bruit de la lutte nocturne engagée par cette poignée d'hommes avec les défenseurs de Dun. Anxieux, il se rapprochait des murailles, mais il ne pouvait les franchir.

« Ainsi, continue l'auteur du *Bref discours*, les assaillants se trouvèrent fort peu dedans, et au contraire les ennemis ralliés en divers lieux en grand nombre, y aïant dans la place deux compagnies de Cavalerie et une d'Infan- . terie, outre quatre autres qui étoient dedans la ville-basse, que ne purent secourir la ville-haute, leur aïant la poterne, ou petite fausse porte qui descend en bas, été fermée par ceux qui étoient jà entrés, lesquels se purent trouver environ six vingt dans la ville, où le combat dura depuis les trois heures jusqu'à sept du matin sans que . mondit seigneur qui étoit dehors put savoir des nouvelles de ceux de dedans sinon par les ennemis qui étoient sur la porte, où il faisoit toujours faire de l'effort et y entrer file à file, quoiqu'ils criassent que tous les notres étoient perdus. Mondit seigneur faisoit cependant sonder par toute la muraille où l'ennemi se trouvoit, et les autres ne répondoient. Les combats furent si divers et la chose si douteuse que Monsieur de Caumont, après avoir été blessé dedans, et retiré en un logis avec trois ou quatre, les ennemis les prirent et les gardèrent plus d'une heure. Autant en advint d'un autre côté à Bétu et du Sault, auxquels le gouverneur Mouza, voïant les choses tournées à son désavantage, se rendit prisonnier, et environ une demie heure après la pointe du jour, suivant ce que mondit seigneur avoit ordonné de faire sonder la muraille, le sieur de Loppes, auquel il en avoit donné ce commandement, aïant trouvé que ceux du dedans travailloient à ouvrir la poterne dont a été parlé, qui descend à la ville-basse, et voïant qu'elle ne pouvoit être ouverte de quelque temps, se fit apporter une échelle où lui et quelques-uns montèrent, et après, la porte ouverte, donna passage à ceux qui le suivirent, lesquels firent retirer les ennemis dedans une forte tour proche de la dernière porte... »

Il y avait, en effet, au centre de la ville-haute un donjon, résidence du Gouverneur. D'après un croquis qui existe au cabinet des estampes de la Bibliothèque nationale, le donjon de Dun, alors nommé maison du Roy, se composait, en 1634, d'anciens bàtiments flanqués d'une grosse tour : une cour les séparait d'un vaste jardin en quinconce. Le donjon, la tour et le jardin touchaient à la partie nord de l'enceinte faisant face à Stenay. A cette époque, la Porte aux Chevaux avait reçu le nom de Porte de France. Le donjon de Dun fut détruit, sur l'ordre de Louis XIII, en 1642.

L'escalade de la Porte aux Chevaux et l'entrée de ce renfort rendirent la défense très difficile. Un combat désespéré fut encore livré, car, dit le *Bref discours,* « au même temps que les nôtres entroient, les sieurs de Falquetiers, maitre d'hotel de mondit seigneur, et de Tenot furent tués d'une même mousquetade, aïant Tenot par son courage surmonté ce qu'il y avoit de plus difficile... »

C'est ce même Tenot qui avait, un an auparavant, si vaillamment défendu Stenay contre le retour offensif du duc de Lorraine.

« Là fut aussi tué le capitaine Camus, le sieur de Caumont fort blessé d'une pertuisane, et Equancourt d'un coup de pierre, Marri, Deguyot, Bétu, du Sault, et plusieurs autres aussi blessés. Mais il ne se peut omettre que Tenot faisoit extrêmement bien, renouvellant de courage, ainsi que le péril croissoit. Ont aussi fort servi les sieurs de la Ferrière et La Tour qui y entroient, ainsi que quelques-uns des blessés sortoient, quoiqu'il y eut un extrême danger. Enfin sur le midi, deux qui s'étoient retirés dans ladite tour se rendirent prisonniers de guerre, de sorte que la ville-haute fut réduite à l'obéissance du Roi. Ceux qui étoient en bas, étonnés de tel effet, y mirent le feu, et saisis d'effroi s'enfuirent... »

« Le duc, ajoute de Thou, y mit une nombreuse garnison, répara le dommage causé par l'incendie et revint en triomphe à Sedan. »

En bon huguenot, sous prétexte d'assurer la sûreté de la ville (1), le duc de Bouillon fit détruire ce qui restait de l'antique monastère de Saint-Gilles, situé hors de la porte de Milly, dont la fondation par Wathrier de Dun remontait au 7 janvier 1094 (2). L'année précédente, lors de la prise de Stenay, ses troupes avaient détruit dans cette ville la châsse de saint Dagobert, vénérée dans le pays (3).

Cette conquête si rapide avait frappé l'imagination populaire : il courut des bruits de trahison. Ces bruits ont trouvé un écho, deux siècles plus tard, dans les Mémoires manuscrits d'un habitant de Stenay, Jean-Grégoire Denain (4).

(1) Archives de Chantilly.
(2) Manuscrit de Denain sur l'*Histoire de Stenay*.
(3)   id.
(4) Jean-Grégoire Denain, avocat en Parlement, lieutenant en la prévôté et maitrise du Clermontois, maire de Stenay de 1778 à 1785, est né à Stenay le 1er avril 1723, de Jean-Baptiste et d'Elisabeth Miclot.

Sa première femme, Barbe-Elisabeth Lefebvre, est décédée à Stenay le 11 frimaire an IV, âgée de 68 ans.

M. Denain, à l'âge de 73 ans, épousa en secondes noces le 4 brumaire an V, Marie-Anne Bourgeois, âgée de 28 ans ; le 19 frimaire an VI, est née de ce mariage une fille nommée Victoire.

M. Denain est mort à Stenay le 16 juillet 1811, à l'âge de 88 ans. Les manuscrits qu'il a laissés renferment la copie d'un grand nombre de documents très précieux pour l'histoire de Stenay et de toute la région. Ils sont en la possession de M. Lallemand, conseiller honoraire à la cour de Besançon.

« Turenne, disent ces Mémoires, chercha à se rendre maître de Dun au moyen de quelque intelligence qu'il y pratiquait, principalement avec un nommé de Cranne qu'il avait gagné par argent, peut-être le même que celui qui en 1585 était capitaine ou prevot de Stenay, ou son fils, ou son parent. Ce de Cranne commandait dans la ville haute, et dans la basse il y avait un second commandant appelé le capitaine Claude, bon Lorrain, avec 100 hommes d'armes. Le 7 décembre de la même année, jour convenu avec de Cranne, Turenne arriva à Stenay, et le soir, à la tête de 2000 hommes, il s'avança sans bruit jusqu'à la porte de Dun-haut qu'il fit sauter avec le pétard et fit entrer une partie de son monde dans la ville. Plusieurs soldats et bourgeois qui ne trempaient pas dans la trahison coururent en armes à cette porte et la fermèrent malgré les Français déjà entrés et qu'ils firent prisonniers, lorsqu'un nommé Loppes ayant planté des échelles près du guichet se jeta dans la place avec un détachement. Nouveau combat avec la garnison qui, épuisée de fatigue, se rendit pendant que Cranne, pour compléter sa perfidie, sortait avec sa compagnie par la Porte aux Chevaux pour gagner la ville basse. Ce traitre descendu, rencontrant le capitaine Claude qui montait à son secours, lui dit pour l'arrêter qu'il n'était plus temps et que les Français étaient maîtres de la ville hante. Sur cette annonce, Claude se retrancha dans l'île où il se défendit quelque temps, mais il en fut chassé non sans peine et après avoir pillé et mis le feu aux maisons. Turenne, après avoir réparé le dommage et mis une garnison nombreuse dans Dun qu'il était bien aise de réunir à Stenay à cause de leurs voisinage et position, revint en cette ville d'où il se rendit à Sedan avec son nouveau laurier. »

Ce récit, fait longtemps après l'événement, est moins vraisemblable que celui du *Bref discours*. Denain commet d'ailleurs de très lourdes erreurs. Non-seulement il évalue à 2000 hommes la troupe du duc de Bouillon qui ne comprenait que 260 cavaliers et fantassins, mais il donne à la prise de Dun la même date qu'à la prise de Stenay. Pour

lui, les deux expéditions auraient été faites en même
temps : « Un autre corps de troupe envoyé par le maréchal
de Turenne, dit-il, en même temps de son arrivée devant
Stenay, pour attaquer Dun, eut également le bonheur de
surprendre cette ville. Ainsi, *dans une même nuit*, il eut
la gloire de procurer à Henri IV deux places fortes et de
cueillir deux lauriers à présenter à la future qu'il épousa le
lendemain. »

Or, il est absolument certain que la prise de Stenay a eu
lieu en octobre ou novembre 1591, et la prise de Dun le 7
décembre 1592.

Ces guerres déplorables touchaient à leur terme. Quelques semaines après, une première trêve était signée entre
les représentants de Henri IV et ceux du duc de Lorraine.
La trêve fut renouvelée à plusieurs reprises jusqu'au traité
de Folembray de décembre 1595. Charles III rendit Villefranche à Henri IV et il rentra en possession de Dun et de
Stenay. « Le 17 du mois de mars 1596, dit le manuscrit de
Denain, jour pris pour les restitutions réciproques, les
garnisons française et lorraine évacuèrent Stenay et Dun,
et Villefranche, à 8 heures du matin, et prirent possession
de chacune de ces villes qui devaient retourner à leur
souverain respectif. » Le duc de Bouillon avait donc con-
servé Dun et Stenay jusqu'à la paix.

Il en résulte que le récit de dom Calmet, d'après lequel
le duc Charles III aurait repris de vive force Stenay et
Dun, est apocryphe. Là encore l'historien lorrain paraît
s'être inspiré du manuscrit du P. de Salin et de la manie
de ce dernier attribuant à tous propos à ses frères des
exploits imaginaires.

« L'année suivante, dit dom Calmet qui avait donné au
paragraphe précédent la date de 1592, Stenay fut de nouveau assiégée par le duc Charles et par le prince Henry,
son fils, en personne. De la Cour, colonel du régiment
d'Esne, frère puîné du maréchal de Salin, qui était au
même siège, fit dans cette occasion une action de valeur
qui mérite d'être relevée. Il entreprit de se loger en plein
jour, et à travers le feu qu'on faisait sur lui de la place,

dans le ravelin qui était devant la porte de la ville. Il marcha le premier à la tête de son régiment, s'y logea, y coucha et conserva ce poste ; ce qui fut cause que les assiégés, désespérant de pouvoir tenir plus longtemps, capitulèrent et rendirent la place. Charles prit en même temps la ville de Dun qui avait été surprise deux ans auparavant par le duc de Bouillon. »

De tout cela rien n'est vrai, sinon le fait d'un second siège de Stenay, infructueux comme le précédent. Il se placerait à peu près à l'époque du siège de Beaumont par d'Amblise.

Denain dit à deux reprises dans son *Histoire de Stenay* et dans les notices rédigées par lui comme appendice :

— « Charles III vint faire une seconde fois le siège de Stenay qu'il fut encore forcé de lever. »

— « Charles tenta deux fois inutilement de reprendre Stenay. »

Cela prouve une fois de plus combien il est difficile d'écrire l'histoire, même en s'inspirant des autorités les plus respectables.

Les gravures que nous reproduisons sont tirées du célèbre recueil de Hagenberg. Elles ont été photographiées par M. Paul Lallemand, conseiller honoraire à la Cour de Besançon, dont les Meusiens connaissent la grande érudition et l'inépuisable obligeance. Nous saisissons cette occasion pour lui adresser dans sa retraite l'hommage de toute notre gratitude.

PHILIPPE-AUGUSTE ET FRÉDÉRIC BARBEROUSSE

A VAUX-LES-MOUZON

Un savant historien allemand, le Dr Alexandre Cartellieri, professeur à l'Université d'Heidelberg, publie actuellement une histoire très documentée de Philippe-Auguste.

Le premier volume qui a paru en trois parties comprend la période qui s'écoule entre la naissance de Philippe-Auguste (1165) et la mort du roi Henri II d'Angleterre (1189). On y trouve des détails fort intéressants sur la région du nord de la Meuse.

C'est à Mouzon, dans le couvent de bénédictins de la Vierge Marie, que le 15 février 1187, Folmar, archevêque de Trêves, nommé légat du pape dans ses luttes contre Frédéric Barberousse, tint un concile provincial qui excita la colère de l'empereur allemand. Mouzon, quoique dépendant alors de l'empire, se trouvait à la fois sous la juridiction de l'archevêque de Trêves et de l'archevêque de Reims. Ce dernier était, à cette époque, le propre frère de Louis VII et, par conséquent, l'oncle paternel du roi de France régnant, Philippe-Auguste. Il appuyait l'entreprise de l'archevêque Folmar ; mais Philippe-Auguste, qui tenait à ménager Frédéric Barberousse, dut calmer le zèle trop ardent de son oncle. Folmar fut obligé de quitter Mouzon et le séjour en France, où il s'était réfugié, lui fut interdit.

Quelques mois plus tard, en décembre 1187, Philippe-Auguste et Frédéric Barberousse se rendirent avec une suite nombreuse à un point de leur frontière située entre Mouzon et Carignan : cette dernière ville était alors connue sous le nom de Ipsch. Le pays situé entre la Chiers et la Meuse, quoique dépendant de l'empire, était regardé comme une région neutre. Jérusalem venait de tomber au pouvoir de Saladin. Le cardinal-évêque d'Albane, légat du pape, accompagné de l'archevêque de Tyr, était venu prêcher la croisade. Les plus hauts seigneurs d'Allemagne, l'archevêque de Mayence, les évêques de Liège et de Metz, avaient suivi l'Empereur. Il s'agissait de déterminer Philippe-Auguste à se croiser pour arracher Jérusalem à la domination des infidèles. Le roi de France ne se souciait pas de partir au milieu des grands vassaux de l'empire. L'attitude de Henri II d'Angleterre, encore en possession de la Normandie, de l'Anjou, de la Touraine, du Maine, de la Guyenne et de la Gascogne, lui causait d'ailleurs de graves inquiétudes : il déclina, pour cette fois, les instances qui lui furent faites. Son oncle l'archevêque de Reims, son beau-frère le comte de Blois, son neveu le comte Henri II de Troyes, le duc de Bourgogne étaient du voyage. Cette brillante et importante entrevue paraît avoir eu lieu à Vaux, à moitié chemin entre Mouzon et Carignan.

Robinet de Cléry.

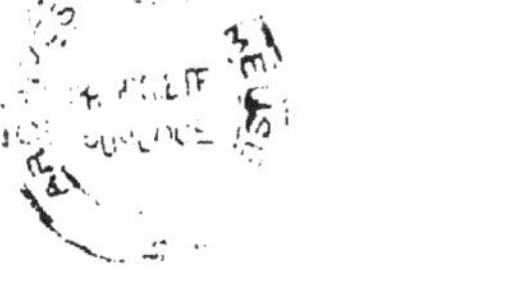

LE CHATELET

CAMP ANTIQUE ENTRE BRÉHÉVILLE ET LISSEY

UN RÉTABLE D'AUTEL EN PIERRE

A BRÉHÉVILLE

Le *Châtelet* est un canton boisé situé à une altitude de près de 400 mètres, à la pointe nord-est des hauteurs qui viennent finir entre Bréhéville et Lissey. C'est apparemment, d'après sa dénomination, l'emplacement d'un camp antique ou d'un château féodal, dont il ne resterait aucun vestige, et, à ce point de vue, il mérite d'être visité et étudié. Tel fut l'objet de notre excursion du 5 juin 1900.

Pour se rendre de Bréhéville au Châtelet, le chemin le plus court, mais aussi le plus impraticable, est assurément la ligne droite ; mais comment gravir cette pente si roide et ces roches coupées à pic ? Mieux vaut prendre un détour et suivre le *sentier du Launois*, qui contourne le monticule. Cette voie est d'un accès assez difficile, mais la beauté du site fait quelque peu oublier la fatigue du chemin rocailleux : à droite et à gauche, de grandes haies d'aubépines, au-delà desquelles s'élève toute une forêt d'arbres fruitiers qui, en bonne année, emplissent le fruitier des propriétaires.

Nous quittons l'oxfordien de la vallée pour le corallien de la montagne, et nous arrivons sur un plateau d'où l'horizon est magnifique, et là-bas, bien loin, brillent au soleil les vitres des casemates de Montmédy-haut.

MM. Robert et Duchesne veulent bien nous servir de guides, et nous nous engageons dans la grande tranchée de la forêt, dans laquelle, grâce à l'épais feuillage des grands hêtres, n'arrivent pas les rayons du soleil : de l'ombre sur nos têtes et sous nos pieds un gazon moëlleux.

Le Châtelet.

Nous quittons la grande tranchée pour une ligne de démarcation de coupes, et bientôt nous voici devant un fossé, large encore de 10 mètres, au-delà duquel se dresse une levée de terre mesurant environ de 10 à 12 mètres de hauteur à l'extérieur et de 6 mètres à l'intérieur. Ce fossé et ce rempart franchis, nous nous trouvons sur l'emplacement d'un ancien château, nous disent, d'après la tradition, MM. Robert et Duchesne ; d'un camp romain, d'après M. F. Liénard (1).

Nous explorons les lieux et bientôt nous reconnaissons que ce plateau forme une sorte d'éperon s'avançant au nord-est et dominant le pays vers Montmédy et Longwy. Il est tout à fait piriforme et mesure, d'après feu M. Liénard, 150 mètres de long sur 120 mètres de large ; sa superficie est de 1 hectare 40 ares. Vers la pointe nord se voit une cavité, connue sous le nom de puits, mesurant environ de 6 à 8 mètres de diamètre.

Le Châtelet, occupé par les bois de Lissey et de Bréhéville, est entièrement boisé, de sorte que son exploration est assez difficile, à cause de la futaie déjà haute ; il faudrait y revenir dans une quinzaine d'années, après l'exploitation des coupes.

De l'extrémité nord de ce point culminant, l'horizon est très étendu et le panorama magnifique ; une immense plaine — ou du moins une région qui, du lieu où nous nous trouvons, nous paraît être une plaine — se déroule à nos pieds, arrosée qu'elle est par la Loison, l'Othain, la Chiers et leurs affluents, et en partie traversée par la grande forêt de Woëvre, avec, blottis dans des replis de terrain, de nombreux villages : Bréhéville, Brandeville, Jametz, Re-

(1) Voir F. Liénard, *Archéol. de la Meuse*, t. iii, p. 11 et 12.

moiville, Louppy, Juvigny, dont les maisons blanchies à la chaux et les tuiles rouges des toits égayent le paysage. Les hauteurs boisées de Hau-les-Juvigny nous masquent la ville-haute de Montmédy, que vainement nous cherchons à découvrir dans l'horizon. Au second plan, se dressent la corne boisée de Géranvaux, avec les hauteurs du Haut-des-Forêts, et bien loin, dans le fond, se confondant avec le gris du ciel, l'immense forêt de Merlanvaux et l'Ardenne belge. Le mont Saint-Walfroy et son monastère se détachent nettement sur la gauche. Dans toutes les directions se déroulent, sous nos yeux, comme un immense tapis bariolé des teintes les plus diverses, dont les houleuses ondulations vont se perdre en la brume des lointains...

Le Châtelet fut-il un camp romain ou fut-il un ancien château, ainsi que le veut la tradition locale ?... Si on y opérait des fouilles, peut-être la question serait-elle tranchée dans un sens ou dans l'autre.

Châtelet (anciennement petit château), *Châtel* ou plutôt *chastel*, ancienne forme du mot *château*, et *châté* dans le patois lorrain, sont synonymes : l'un et l'autre ont désigné le *chastel* du moyen-âge ; de là, l'idée d'un château sur cette hauteur. Si cette opinion était vraie, on y découvrirait encore quelques traces de murailles et rien n'en fait pressentir l'existence ; en outre, l'histoire n'aurait pu oublier cette maison-forte de Lissey ou de Bréhéville, qui aurait pu ou dû jouer un certain rôle politique au moins pendant les sièges de Damvillers et de Jametz, et nulle part, du moins à notre connaissance, il n'en est fait mention. Aussi opinons-nous, jusqu'à preuve du contraire, pour un camp antique.

D'ailleurs, l'emplacement du *Châtelet*, tout comme celui du mont *Saint-Germain*, celui du *Châtel* (commune de Sassey), et celui de *Romagne-sous-les-Côtes*, ne pouvait être mieux choisi, soit pour un point de défense, soit pour un poste d'observation : en avant, vers le nord, des côtes abruptes, coupées presque à pic, rendaient ce *castrum* inaccessible du côté de la Belgique, d'où pouvait venir le

danger ; de là aussi, les conquérants de la Gaule pouvaient surveiller la vallée de la Meuse. En outre, le peu d'éloignement de ces quatre points fortifiés facilitait les communications de l'un à l'autre. En avant de cette ligne de retranchements, se dressaient les camps de *Baâlon* et de la *Romanette* (commune de Velosnes), et plus loin, à l'est, celui du *Titelberg*, et à l'ouest le camp antique de *Stonne*.

Ce poste militaire, ainsi que nous l'avons déjà dit, est protégé au nord, à l'est et au sud-est par des pentes abruptes et inaccessibles, dont les crêtes ou arêtes sont bordées par une terrasse haute d'un mètre, avec banquette ou chemin de ronde ; à l'extérieur et sur les bords de cette banquette se dressent d'énormes roches que M. F. Liénard a cru grossièrement taillées ; nous n'y avons reconnu aucune trace de la main des hommes : ce sont les roches naturelles qui forment la carcasse de la montagne. Il est défendu au sud-ouest par la levée de terre et le fossé que nous venons de franchir.

A part la forme carrée qu'affectaient généralement les *castra* romains, tout ici rappelle bien le campement ou camp fortifié des légions césariennes ; quant à la forme, on a dû, comme au *Châtelet* et comme à *Saint-Germain*, adopter celle toute tracée par la nature et la disposition des lieux. Les côtés accessibles du *castrum* étaient toujours entourés d'un retranchement *(agger)*. Ce rempart artificiel, dont les Romains entouraient leur camp ou les positions qu'ils voulaient occuper un certain temps pendant la guerre, était ordinairement, comme ici, une levée de terre surmontée de palissades *(vallum)* et protégée extérieurement par une tranchée *(fossa)*, qui n'était autre chose que toute l'étendue du terrain creusée pour former l'*agger*. Lorsque la nature du sol ne permettait pas de faire une levée de terre, on avait recours à d'autres matériaux faciles à trouver : l'*agger* était alors construit d'une enceinte de troncs d'arbres qu'on remplissait de broussailles, etc. Le sommet était couvert par un *vallum* ou palissade et une galerie de planches qui devait protéger les soldats. La palissade était formée de jeunes troncs d'arbres avec leurs branches latérales raccourcies et taillées en pointe, de manière à former des espèces de *chevaux de frise*.

M. F. Liénard dit que le *castrum* du *Châtelet* « n'a pas encore été fouillé », ce qui nous paraît exact. « On trouve, ajoute-t-il, à l'intérieur de ce lieu de défense, de grandes tuiles plates à rebords (1) ».

Puits. — La cavité cylindrique que nous avons indiquée plus haut ne saurait avoir été un puits, bien que sa dénomination soit telle ; car il aurait fallu creuser à une trop grande profondeur pour arriver à une nappe d'eau. C'était plus apparemment une citerne dans laquelle on recueillait les eaux pluviales pour servir au besoin des troupes.

M. Duchesne nous conte la légende se rapportant à cette excavation ; car ce trou renferme, paraît-il, un trésor, celui du châtelain (2).

Or donc, oyez :

Il y a de cela longtemps, bien longtemps, le seigneur du Châtelet partait en guerre ; et comme il ne pouvait savoir s'il reviendrait de sa lointaine expédition — sans doute en Terre-Sainte — et, par mesure de précaution, voulant mettre, avant son départ, ses trésors en un lieu sûr, il fit verser « un chariot d'or dans le puits du Châtelet ». — D'autres m'ont parlé d'un berceau en or massif...

Et depuis lors, cette fortune reste enfouie dans la montagne. Personne n'a poussé ou la curiosité ou la cupidité jusqu'à fouiller ce puits et lui réclamer les richesses qu'il recèle. C'est grand dommage vraiment, car s'il n'eût point découvert l'imaginaire trésor, au moins ses fouilles auraient pu avoir un résultat utile : celui de renseigner l'archéologie.

Porte. — Entre le rempart et la terrasse du sud, se trouve la *porte* ou entrée, à laquelle aboutissent deux che-

---

(1) F. Liénard, *op. cit.*, p. 12.

(2) Il n'y a pas lieu d'être surpris qu'il s'agisse d'un châtelain, puisque, d'après la croyance populaire, c'était un château qui s'élevait en cet endroit.

mins : le *chemin du Châtelet*, descendant à Lissey (1), et la *Plate-Voie*, qui traverse le plateau dans le sens de sa longueur.

Habituellement, chacun des quatre côtés d'un camp avait une vaste porte pour l'entrée et la sortie. La plus éloignée de la position de l'ennemi — celle où nous nous trouvons en ce qui concerne le *Châtelet* — était appelée *Porta decumana* ; celle qui faisait immédiatement face à cette position, *porta prætoria* ; les deux autres étaient *porta principalis dextra* et *porta principalis sinistra*.

Le *Châtelet*, d'après la disposition du terrain, ne pouvait avoir qu'une seule porte ou deux tout au plus ; la seconde, dans le cas où il y en aurait eu une deuxième, ne saurait être que l'endroit par lequel nous sommes entrés au camp.

Ligne de circonvallation. — Ce n'est que vers l'ouest, par le plateau de la montagne, que les troupes du *Châtelet* pouvaient craindre une surprise de la part de l'ennemi ; aussi est-il naturel qu'elles aient de ce côté défendu l'accès du camp, par une ligne de circonvallation établie à 500 mètres au sud-ouest du campement. Cette ligne de circonvallation, qui s'étend sur une longueur d'environ 700 mètres, est formée d'une levée de terre encore haute de plus d'un mètre, à l'extérieur de laquelle il y a un fossé de 5 à 6 mètres de large. Elle traverse tout le plateau de la montagne et présente, dans sa partie centrale, une longue ligne dont les extrémités se courbent, dans la direction du camp, d'une part, au nord, où elle arrive jusqu'au sommet

(1) Lissey est un petit village du canton de Damvillers, adossé au versant oriental de la montagne du Châtelet. Avant 1790, il faisait partie du Luxembourg français, baillage et anciennes assises de Marville, coutumes de Thionville, prévoté de Damvillers, présidial de Sedan, parlement de Metz.

Au religieux, cette paroisse dépendait du diocèse de Verdun, archidiaconé de la Princerie, doyenné de Chaumont.

En 1790, la commune de Lissey fit partie du district de Stenay et du canton de Jametz.

(F. LIÉNARD. *Dict. top. du dép. de la Meuse).*

de la crête, vers Bréhéville ; d'autre part, au sud, vers le versant qui regarde Lissey.

Que dut être l'importance du Châtelet ?

Elle fut évidemment moindre que celle du *Mont Saint-Germain* et surtout que celle du *Titelberg*. C'était probablement un petit *castrum*, un *castellum*, dans lequel se tenait un poste militaire destiné au ravitaillement des troupes ou à protéger soit la frontière et les voies de communication, soit la population agricole contre les excursions des ennemis. Cette position paraît avoir été passagère plutôt que sédentaire.

Difficilement, nous traversons le fourré pour, ensuite, suivre un sentier nous conduisant vers le bois communal d'Ecurey, où nous espérons trouver la *Borne-Trouée*, monument mégalithique signalé par M. F. Liénard, qui, d'après cet auteur, « s'il ne remonte pas à l'époque druidique, était certainement la borne limitative citée sous le nom de *Pertusa-Petra*, dans les limites de l'ancien comté de Verdun (1) ».

Voici des terres cultivées avec une maison actuellement inhabitée, le tout enclavé dans la forêt : c'est le *Champ-le-Pâque* ou *Jean-le-Pâque*, d'après l'ancien cadastre. Cette dénomination paraît rappeler celle de son ancien propriétaire, un certain *Lepâque* ou plutôt *Lapâque*.

Nous arrivons au chemin séparant les bois communaux de Lissey et de Bréhéville de ceux d'Ecurey, et à l'ombre d'un beau hêtre émerge de terre une borne qui n'a rien de particulier, sinon qu'elle n'est pas *trouée*, et que M. Robert nous dit être la *Borne-Trouée*. Grande fut notre déception, à M. Lepezel et à moi, à la vue de ce si peu intéressant monolithe. De dépit autant que de fatigue, nous nous laissons choir sur la pelouse gazonnante, à l'ombre du beau *Fagus silvatica* L. Instinctivement, notre vue se reporte sur la borne en question. Non, il n'est pas possible que M. F. Liénard ait pris ce trop vulgaire bloc de pierre pour un

_____

(1) F. Liénard, *op. cit.*, p. 12.

monument mégalithique ; il n'est pas possible que ce soit
là la *Pertusa Petra*, à laquelle la féconde verve de feu M.
Jeantin a consacré des pages entières ! Il y a, mon cher
Monsieur Robert, ailleurs, dans les bois communaux
d'Écurey, autre chose que cette commune pierre... Pour
aujourd'hui, il nous faut en prendre notre parti et renoncer
à voir la *Borne-Trouée*. En guise de douche consolatrice,
M. Duchesne nous signale dans les environs le *Trou des
Fées*. Une légende se rapporte évidemment à ce lieudit et
c'est grand dommage que notre collègue ne la connaisse
point : il nous dit bien que les fées se rendaient au sabbat
à cheval sur un manche à balai ; mais cela est trop général,
il doit y avoir un conte plus particulier qu'il importerait de
signaler avant qu'il ne soit tout à fait tombé dans l'oubli.

Ce *Trou des Fées*, ne serait-ce pas le *puits* du Châtelet ?

Nous nous remettons en marche et bientôt nous voici
sur un vaste plateau en plein corallien, où se remarquent
d'abondants fragments ferrugineux.

A notre gauche, le long de la route de Bréhéville à
Haumont, nous apercevons un massif d'arbres, à l'ombre
desquels s'abrite une croix : c'est la *Croix du Moulin à
vent*. Sur cet emplacement, s'élevait jadis un moulin à
vent, dont le meunier fut, dit-on, pendu pour avoir refusé
de payer ses redevances à son seigneur.

Nous descendons, à travers la côte, par un sentier qui
abrège notre route et bientôt nous sommes à Bréhéville, où
nous retrouvons nos amis.

Ce village faisait, avant 1790, partie du Verdunois ;
c'était une terre du chapitre prévoté de Sivry-sur-Meuse,
ancienne justice seigneuriale des chanoines de la cathé-
drale ; coutume, baillage et présidial de Verdun, parlement
de Metz. Au religieux, Bréhéville faisait partie du diocèse
de Verdun, de l'archidiaconé de la Princerie, du doyenné
de Chaumont et annexe de la cure de Lissey.

En 1790, cette commune était englobée dans le district
de Stenay et le canton de Jametz (1).

(1) F. Liénard. *Dict. top. du dép. de la Meuse.*

Un rétable d'autel (?) en pierre à Bréhéville.

M. Pierre appelle notre attention sur une pierre sculptée qu'il a remarquée ce matin.

Rapportée et encastrée dans la muraille au-dessus du linteau de la porte d'entrée de la maison appartenant à M. Lefebvre Jean-Nicolas, rue Cornette, cette pierre, de forme rectangulaire, est divisée en plusieurs parties cintrées. Les personnages, assez finement sculptés, représentent des sujets religieux.

Ne serait-ce pas un rétable d'autel ?

Voici un personnage agenouillé, tête nue et le corps couvert d'une peau de bête, sans doute saint Jean-Baptiste, le patron de la paroisse. Sur le côté, un autre personnage se tient debout : un fourreau est suspendu à son côté gauche ; son bras droit, qui est brisé, devait tenir un sabre. C'est le bourreau qui va trancher la tête au saint précurseur. Une femme, sans doute Hérodias, assiste au supplice. L'artiste a probablement voulu représenter la *Décollation de saint Jean-Baptiste*.

Dans l'autre pan de mur est également encastré un fragment de pierre, probablement la continuation du morceau précédent ; les vides sont malheureusement remplis de mortier, de sorte que les sculptures sont peu apparentes. On y remarque néanmoins un groupe de fidèles, dans l'attitude de la prière ; ils ont les mains jointes et les yeux tournés vers le ciel ou vers le prêtre qui officie.

A notre avis, cette sculpture serait mieux ailleurs que là où elle se trouve actuellement. Elle paraît avoir une certaine valeur et il conviendrait de la conserver, d'autant plus qu'elle est déjà suffisamment maltraitée par les enfants du village, qui prennent plaisir à la briser à coups de pierres.

F. HOUZELLE.

NOTICE HISTORIQUE

SUR

SAINT—WALFROY

ET SON PÉLERINAGE

Par F. HOUZELLE

I. La montagne. — II. Diane, l'idole de la montagne. — III. Saint Walfroy. — IV. Monastère de Saint-Walfroy. — V. Les reliques. — VI. L'ancien tombeau. — VII. L'ermitage de Saint-Walfroy sous l'administration d'Orval. — VIII. Le Pélerinage.

I. **La montagne.** — Entre Montmédy et Carignan, aux extrêmes confins de l'ancien comté de Chiny, se dresse le mont Saint-Walfroy, qui est l'extrémité occidentale de ce massif montagneux s'étendant des hauteurs de Géranvaux (1) au pied de l'industrieuse localité de Margut. La Chiers, bordée de saules et de peupliers, roule, à travers de verdoyantes prairies, ses eaux dans une fertile vallée s'évasant vers Margut et Carignan, et contourne le massif, ce qui le fait paraître encore plus élevé, bien qu'il soit à une altitude de 354 mètres. Le chemin de fer enserre de sa large ceinture le pied de la montagne.

Au plateau aride qui couronne le mont Saint-Walfroy, on accède par divers chemins venant de Lamouilly, de Laferté et de Margut. Ce dernier, qui est le moins pénible, est aussi le plus agréable.

(1) Hauteurs boisées au-dessus de Thonne-les-Prés.

Auprès de la ferme du Champel, le chemin venant de la gare de Margut tourne brusquement et la pente devient roide. A partir de la fontaine dont les eaux sont réputées miraculeuses, et des deux côtés du chemin, sont érigées dans des grottes, imitant les grottes naturelles, les quatorze stations d'un joli chemin de croix se terminant par un gigantesque calvaire. A notre gauche, se voit une magnifique chapelle en forme de croix grecque, et, autour d'une vaste cour, sont les bâtiments et dépendances : l'hôtellerie, pour restaurer et héberger les pélerins, et les logements destinés aux prêtres de la mission et aux retraitants. A l'ouest du pélerinage et dominant toute la vallée, se dresse un édicule surmonté d'une statue de Notre-Dame de Prompt-Secours, et, proche de la chapelle, une colonne en pierre, haute de 7 mètres, supportant la statue de saint Walfroy. Derrière les bâtiments, cachée dans un massif de sapins, s'élève la chapelle de saint Vincent de Paul.

De tous côtés, l'horizon s'étend dans un mystérieux lointain, jonché de paisibles villages aux murailles blanchies à la chaux avec leurs toits de tuile et d'ardoise, et les blanches routes qui sillonnent le vert paysage ; et bien loin, les forêts qui semblent s'étager pour borner doucement le splendide panorama.

Vers la Belgique, le paysage nous paraît quelque peu assombri et sauvage : le sol mouvementé du calcaire sableux se mamelonne étrangement ; de nombreux bosquets disséminés sur les hauteurs donnent un vert foncé qui tranche sur le blond doré des moissons ; et plus loin, l'immense forêt de Merlanvaux, au-dessus de laquelle émerge la flèche élancée de la superbe église de l'intéressante cité de Florenville. De nombreuses et étroites vallées, avec leurs ruisselets coulant leurs eaux limpides, ne nous paraissent que des gorges resserrées.

Voici, à nos pieds, le petit village de *Signy-Montlibert*, près duquel court, au nord du hameau de Montlibert, le diverticule dit *Voie des Romains*, et dont les substructions faites sur son territoire, au lieudit *Vieux Mousty* — vieille église — donnèrent de jolis petits bronzes avec des monnaies à l'effigie de Constance et de Constantin ; plus loin, *Margny* se dresse sur une hauteur dominant le coquet vallon de la Marche, *Villers-devant-Orval*, avec ses sépultures franques récemment exhumées, et tout proche les étangs et les ruines grandioses de l'antique abbaye d'Orval.

Dans un massif s'élevant vers le nord-ouest se voient, perchés sur les flancs des collines, les petites localités de *Moiry* et de *Fromy*, celle d'*Auflance*, qui fut le siège d'une des plus anciennes maisons du Luxembourg et dont les seigneurs avaient droit de haute, moyenne et basse justice, et où les Romains — affirme la tradition — auraient élevé un temple en l'honneur des trois Parques. Le château d'Auflance était une « *des quatre filles d'Yvois* ». *Puilly*, qui, à la suite des guerres qui désolèrent la région, resta absolument désert pendant trois années, de 1639 à 1642, et *Mogues*, où, au *Pâquis-de-Frappait*, de petits lutins dansaient au clair de la lune, en chantant la « *ronde des jours de la semaine* » et jouaient surtout de mauvais tours à ceux dont la voix leur déplaisait (1). De *Trembloy* à *Williers*, avec ses vestiges du *château d'Ardenne*, sur le contrefort d'entre Chiers et Semoy, on rencontre d'importants tronçons d'une voie antique, que foulèrent les légions romaines, lesquelles, d'après la tradition, auraient campé sur le mont Saint-Walfroy ; d'ailleurs, des fouilles faites dans la montagne, vers 1750, ont amené la découverte d'une fort grande quantité de monnaies, de vases et d'armes d'origine gallo-romaine et aussi de nombreuses sépultures, d'où la présomption qu'il y aurait eu un camp romain et très probablement aussi un bourg important.

Vers l'occident, le paysage est plus gai, traversé qu'il est par la riante Meuse et la pittoresque Chiers. Au premier plan, les hauteurs boisées de Blanchampagne, rappelant l'importante ferme que créèrent les abbés d'Orval, qui nous masquent les riches vignobles d'*Inor* et de *Martincourt*, et, au second plan, paraissant se confondre avec

____

(1) Voir Chauny : *La Culée Gillette.*

la vaporeuse brume, les hauteurs de l'antique *Stonne*, le village haut perché, le nid d'aigle dominant tout le pays d'alentour et profilant sur l'horizon sa silhouette anguleuse, qui a fourni de nombreuses tombes romaines, des débris de colonnes et de bas-reliefs, des monnaies antiques d'or et d'argent, et qui, par sa situation, fut un véritable camp retranché placé en vedette au point culminant de la voie stratégique de Reims à Trêves, qui coupait la crête de Stonne perpendiculairement à la ligne de faîte. Stonne nous remémore aussi des événements plus proches de nous : il fut, en 1792, avec le Chesne, la Croix-aux-Bois, Grand-pré, la Chalade et les Islettes, l'un des postes principaux de la défense nationale ; c'est encore de ce village, où l'armée de Mac-Mahon avait, le 28 août 1870, son quartier général, que l'empereur et le maréchal décidèrent de passer la Meuse à Remilly.

Arrachons-nous à ce paysage enchanteur et si riche en souvenirs et revenons à Saint-Walfroy.

II. Diane, l'idole de la montagne. — Les déesses plus spécialement adorées dans la forêt des Ardennes ou qui paraissent, tout au moins, y avoir laissé des traces plus profondes, furent *Hertha*, déesse germanique, personnifiant la « terre primitive » ; *Néhalennia*, aussi d'origine germaine, qui s'assimila aux divinités de Rome et fut la patronne des bergers, la gardienne des troupeaux, la surveillante des pâturages et des montagnes (1) ; et enfin l'*Arduinna Dea*, la Diane ardennaise, qui était la person-

(1) Deux statuettes, qui paraissent être cette déesse Néhalennia, ont été découvertes, il y a quelque cinquante ans, au lieudit « *le Château* », commune de Gérouville (Belgique), sur la frontière franco-belge. Elles portaient, dans leurs bras serrés contre la poitrine, un chevreau, et leurs mamelles saillantes étaient comme gonflées de lait. Nous ignorons ce que sont devenues ces statues.

Il y a quelques années, on découvrait, à Chauvency-St-Hubert, une petite statuette en terre blanche, représentant également une Néhalennia. Elle nous a été donnée par M. l'abbé Bonneau, curé en cette paroisse, et elle fait partie de notre collection.

nification divinisée de la forêt d'Ardenne et que les premiers
apôtres de notre pays combattirent avec la plus infatigable
énergie.

L'*Arduinna Dea* était revêtue d'une robe relevée, semblable à celle de la Diane romaine et, comme elle, armée
d'un arc et d'un carquois (1).

Toutefois, elle n'était pas une divinité nationale ; car si,
tout au plus, elle fut adorée dans les Vosges, en Alsace et
dans la Forêt Noire, sous le nom d'*Abnoda*, elle semble
s'être plus spécialement cantonnée dans la région ardennaise. M. A. Meyrac (2) rappelle que, non loin de Mont-
cornet, en plein bois, se serait élevé jadis le *château
d'Ardoinne*, en souvenir, sans doute, d'une « enceinte »
consacrée à la déesse *Arduinna*. A l'Echelle, un château-
fort aurait été construit par ordre de Constance Chlore,
alors gouverneur des Gaules, sur les ruines mêmes d'un
temple dans lequel on aurait adoré la *Diane ardennaise*.

A un demi-kilomètre du Tremblois, sur l'ancienne voie
romaine, s'élève le *Calvaire de la Belle-Croix*, lieu de
pélerinage qui, si on en croit la tradition, serait élevé sur
les ruines d'un temple consacré à Diane.

Au XVIIe siècle, on voyait encore sur le point culminant
de Mont-Tilleul des restes de colonnes d'église ou de
temple. On y a trouvé, outre maintes médailles d'empe-
reurs romains, des doigts d'une statue en bronze, sans
doute une Diane ardennaise, semblable à celle que brisa
saint Walfroy.

Les païens avaient élevé sur la montagne dénommée
aujourd'hui Saint-Walfroy un temple dédié à la Diane des
Ardennes et une idole de cette déesse, qui était d'une grandeur et d'une grosseur colossales, avec, dit Grégoire de

(1) La mythologie présente cette déesse sous trois aspects : Diane,
Hécate et Phœbé. C'est l'Artémis des Grecs. Sous le nom de Diane,
elle est la déesse de la chasse ; sous. celui d'Hécate, elle habite les
enfers et préside aux enchantements ; sous celui de Phœbé, elle est
identifiée à Séléné, la lune.

(2) *La forêt des Ardennes,* pp. 122 et 123. — Lecène et Oudin, à
Paris, 1896.

Tours, une citadelle gardée par un détachement de la 22ᵉ légion, qui tenait garnison à Epoissus (1).

Le R. P. Berthollet pense que dans le Luxembourg on n'a adoré d'autres dieux que *Diane* ou *la Lune*. « On vénérait, dit-il, cette déesse à Arlon, à Bollendorf près d'Epternach, à Dinant, à Malmédy, à Trêves, où il y avait une Diane célèbre, par l'organe de laquelle le démon rendait des oracles ; entre Ivoix (1) et Virton, où était érigée une statue monstrueuse de cette idole, que saint Walfroy renversa. Enfin Diane était la divinité spéciale de la forêt d'Ardenne, et les Romains conservaient dans leur Panthéon une de ses statues en marbre, avec cette inscription : DIANÆ ARDVINNÆ (2) ».

III. Saint Walfroy. — Les Gallo-Romains et les Francs du diocèse de Trêves s'opiniâtraient à l'idolâtrie. Dieu leur suscita saint Walfroy pour opérer leur conversion. Mais quels combats ils durent soutenir, ces premiers apôtres, pour convertir nos ancêtres au christianisme ! Le paganisme ne cédait que lentement, ne se retirait de nos forêts que pas à pas. Les missionnaires parcouraient les campagnes et les bois, incendiant les temples, abattant les arbres sacrés et renversant les idoles. Consternés d'abord, surexcités ensuite, les païens défendaient leurs dieux et se refusaient à reconnaître Celui annoncé par les missionnaires, si bien que l'Eglise, se contentant de substituer ses saints aux dieux du paganisme, laissa le peuple continuer à fréquenter ses anciens lieux de dévotion, mais où il venait adorer un Dieu nouveau. Partout les saints prenaient la place des dieux.

Grégoire de Tours (3), le P. Richer (4) et dom Calmet (5)

(1) Nom ancien de Carignan.

(2) Jean BERTHOLLET. *Histoire ecclésiastique et civile du duché de Luxembourg et comté de Chiny*, t. I, p. 21. — Chevalier, à Luxembourg, MDCCXLI.

(3) GREG. TUR. *Hist. lib.*, VIII, c. 151.

(4) F. RICHER, capucin. *Mém. chronol. du pays de Mouzon.*

(5) D. CALMET. *Notice de la Lorraine*, t. II, p. 499. — Georges, à Lunéville, 1840.

rapportent que le diacre *Vulfilaïque*, *Wulfaï* ou *Walfroy*, Lombard d'origine, vint, vers 564 (1) s'établir sur une montagne, non loin du château d'*Epossium*, depuis *Yvois*, aujourd'hui *Carignan*. Il y fit bâtir un couvent dont l'église fut dédiée à saint Martin de Tours, pour lequel il avait une grande dévotion. Il éleva auprès de l'idole même de Diane une colonne, sur laquelle il demeurait en prières les jours et les nuits, debout et nu-pieds. Cette colonne, dit le R. P. Berthollet, « était haute de 50 à 60 pieds ; elle était terminée par une petite cellule d'osier, large et longue de trois pieds, où il n'était pas possible de se coucher ; c'est pourquoi le stylite était obligé d'y être toujours debout, assis ou à genoux. On lui portait à manger par le moyen d'une échelle, et il ne descendait que dans les besoins d'une grande nécessité ». Exposé aux injures de l'air, le saint, à l'exemple de saint Siméon le stylite, qui avait édifié l'Orient par une vie de même genre, souffrait de grandes douleurs. Pendant l'hiver, il fut saisi d'un tel froid que les ongles de ses pieds se fendaient et tombaient d'eux-mêmes, outre que l'eau qui coulait sur sa barbe s'y gelait et, ajoute D. Calmet, pendait comme des chandelles. Il vivait d'un peu de pain et d'eau, avec quelques herbes.

Le peuple accourait à ce spectacle, et Walfroy, qui gémissait de voir les païens se prosterner aux pieds de l'idole de Diane, les exhortait à renoncer au culte de la déesse et aux chansons infâmes qui accompagnaient leurs festins. Ses exhortations ne furent pas sans effet ; il gagna plusieurs habitants du pays, les convertit et, après avoir brisé les petites effigies gravées sur la base et sur les côtés de la colonne de Diane, il leur persuada d'abattre l'idole et de la réduire en poudre.

Le saint homme leur donna des cordes et, tous ensemble,

---

(1) M. A. Meyrac, d'après le P. Richer, dit « vers l'an 564 ». Bien que n'étant pas certaine, cette date parait vraisemblable, puisque D. Calmet dit que Grégoire de Tours vit Walfroy en 585 et « *qu'alors il y avait plus de vingt ans qu'il professait la vie solitaire* ».

ils essayèrent de renverser cette statue gigantesque. Mais ils ne purent même l'ébranler. Alors Walfroy, « pénétré de douleurs », courut à l'église et, prosterné contre terre, pria Dieu qu'il lui plût de détruire, par sa toute-puissance, cette statue que les forces humaines ne pouvaient abattre. A peine eut-il achevé sa prière que, tout rempli de confiance, il sortit de l'église, demanda que l'on reprît les cordes et, à la première secousse, l'idole tomba ; après quoi, elle fut brisée à coups de marteaux.

A l'instant même, le corps de Walfroy se couvrit d'ulcères « comme si le démon eût voulu se venger sur lui de l'injure qu'il avait reçue ». Mais le saint s'étant mis en oraison et ensuite frotté avec de l'huile qu'il avait apportée du tombeau de saint Martin, il s'endormit tout aussitôt. A son réveil, les ulcères avaient disparu.

Grégoire de Tours, qui rapporte ce récit, le tenait de la bouche même de Walfroy (1).

Après, le stylite remonta de nouveau sur sa colonne ; mais Magnéric, archèvêque de Trêves, et plusieurs autres prélats, étant venus le visiter, lui remontrèrent que la voie qu'il suivait n'était pas bonne, qu'il n'était pas comparable à Siméon d'Antioche, qui a vécu sur une colonne, ni capable de mener une vie si austère, à cause de la rigueur du climat. « Descendez au plus tôt, lui dirent-ils, et demeurez avec vos frères, que vous avez rassemblés ici (2) ».

Walfroy se rendit à ces raisons ; il descendit de sa colonne, et, tandis qu'il s'entretenait avec l'évèque de Trêves, celui-ci faisait renverser la colonne (3), ce qui obligea le cénobite à habiter le monastère.

La renommée du stylite était grande et était parvenue jusqu'à Grégoire de Tours. Celui-ci, accompagné de Félix, ambassadeur de Gontran, roi de Bourgogne, et de plusieurs

(1) GREG. TUR. *Hist. Franç.*, l. VIII, c. 135 et suiv.
(2) D. CALMET, *op. cit.*, t. II, p. 499.
(3) De ce que l'archevêque avait envoyé des ouvriers avec « des haches et des marteaux » pour renverser la colonne, on présume qu'elle était en bois.

prélats, fit, en 585, un voyage à Coblentz, où Childebert, roi d'Austrasie, tenait sa cour. Il passa par Yvois et se détourna pour aller voir Walfroy sur la montagne, où il passa deux jours et deux nuits, conversant avec le saint homme, qui lui narra sa vie et ses travaux. C'est au cours de ces entretiens, qui se prolongeaient fort avant dans la nuit, qu'ils eurent le spectacle d'une magnifique aurore boréale, dont Grégoire nous a laissé une description pleine de précision et de couleur.

« Qu'on se représente, ajoute notre ami et confrère, M. Goujon, à treize cents ans de distance, ces deux vénérables personnages, l'évêque gallo-romain, épave imposante encore d'une civilisation qui sombrait dans la nuit, le moine, sorte d'apôtre paysan, auréolé de l'éclat d'une action surhumaine, au sommet de cette colline sauvage, en plein pays barbare, causant, à la clarté de la sanglante aurore nocturne, de choses primitives et merveilleuses, de conversions, de légendes, de prodiges, assis peut-être sur les tombeaux des légionnaires romains qui avaient campé là !... On aura certes un tableau qui ne manque ni d'imprévu ni de grandeur (1) ».

On ignore le jour de la naissance aussi bien que celui de la mort de saint Walfroy. Il mourut à un âge avancé — à la fin du vi[e] ou au commencement du viie siècle (2) — et fut enterré sur la montagne, dans l'église de Saint-Martin, appelée depuis du nom du saint stylite, à cause des miracles qui s'y firent grâce à son intercession, ce qui y attira et y attire encore un grand nombre de pélerins.

Sur la fin de sa vie, Walfroy avait été nommé doyen d'Yvois. En quoi consistaient alors ces fonctions de doyen ?

(1) P. GOUJON. *Miettes de poésie, d'art et d'histoire locale,* p. 47. — Ph. Pierrot, à Montmédy, 1896.

(2) A. Meyrac le fait mourir le 21 octobre 600. (Voir *Villes et villages des Ardennes,* p. 86. — Ed. Jolly, à Charleville, 1898).

D'autres fixent sa mort en 594.

Vraisemblablement, dit M. l'abbé N. Tillière, c'est à Yvois qu'il mourut. (*Histoire de l'abbaye d'Orval,* p. 155. — Delvaux, à Namur, 1897).

Le pieux solitaire reçut-il la consécration sacerdotale ? ou, tout en restant diacre, qualité que lui donne Grégoire de Tours, fut-il un simple délégué de l'évêque dans l'exécution de certaines mesures ? Devenu prêtre, fut-il ce que plus tard on appela un *doyen rural* ou *doyen de chrétienté*, chargé de visiter les paroisses, de baptiser solennellement les veilles de Pâques et de la Pentecôte et de rendre compte à l'évêque de sa mission ?

Mgr Tourneur, décédé vicaire général de Reims, dit qu'il était prêtre (1).

IV. **Monastère de Saint-Walfroy.** — Dès les premières années de sa retraite sur la montagne, saint Walfroy, ainsi que nous l'avons dit, y avait fait bâtir un monastère et une église. Le roi Childebert y avait beaucoup contribué, ainsi que l'archevêque de Trèves, saint Magnéric. Le monastère fleurit pendant plusieurs siècles, et la règle qu'on y suivait était celle de saint Benoit.

Ce monastère subsistait encore en 979, quand un incendie dévora « église, maison et château (2) », dit l'auteur des *Villes et Villages des Ardennes*.

Le grand nombre d'anciens murs rencontrés sur la montagne prouve d'une manière formelle qu'il y eut alors sur

(1) Tourneur. *Notice sur Saint-Walfroy.*

(2) Ce château ne saurait être que celui de *La Fraite*, qui, primitivement, dut être une sorte de métairie ou résidence ouverte. Sentant plus tard le besoin de l'entourer et de la défendre, on en fit une espèce de château-fort, si bien qu'à l'intérieur on se trouvait à l'abri d'un coup de main.

Hadrien de Valois fait mention de *la Fraite* ou *Fraita* de Saint-Walfroy, en disant que Montmédy est situé entre deux forteresses célèbres dans ces cantons : celle de *Jamets* et celle de *la Fraite*.

Il est probable que, dans la suite, les habitations se sont déplacées et ont été construites au pied de la montagne, en un lieu, La Ferté, qui eut l'importance de ville avec fortifications, et qui *donna loi et mesure* à toute la contrée. jusques aux limites de la juridiction d'Yvois.

Mais cette permutation ne s'est faite qu'à la longue et ce sont les événements politiques qui rendirent nécessaires ces transformations.

le mont un assemblage considérable de maisons et très probablement aussi un village. Ce qui indiquerait d'ailleurs que Saint-Walfroy fut un village, c'est que, dans sa charte de 1157, Hillin, archevêque de Trèves, indique Saint-Walfroy comme l'une des localités sur lesquelles les religieux du prieuré de Saint-Dagobert, à Stenay, avaient le privilège de tirer des cierges (1).

V. Les reliques du saint. — M. N. Tillière rapporte, d'après Eberwin (2), qu'en 979, l'église bâtie par saint Walfroy était négligée depuis longtemps. L'incurie fut cause qu'un jour un incendie y éclata : l'église et tout ce qui l'environnait fut consumé. Tristes et inquiets, les fidèles se demandaient ce qu'étaient devenues les saintes reliques, car le temps ayant brisé la châsse, elles étaient à découvert.

« Mais voilà qu'après l'incendie, quand on se mit à rechercher soigneusement les ossements du saint, on les trouva préservés du feu, aussi entiers, aussi intacts que s'il n'y avait jamais eu là d'incendie. Pour ce motif et aussi parce que la montagne était très isolée, et, comme nous l'avons dit, négligée depuis longtemps, Egbert, archevêque de Trèves, jugea convenable de transporter ailleurs les reliques de ce grand saint. Il choisit la ville d'Yvois, parce que ce précieux dépôt devait y être plus honoré et mieux gardé.

« On mit le projet à exécution. Le clergé, les moines et

(1) Ces villages étaient : Stenay, Mouzay, Cervizy, Martincourt, Olizy, Villy, Linay, Nepvant, Brouenne, Saint-Walfroy, les deux Chauvency, Moiry, Margut, les deux Bièvres, Thonne, Signy, Margny, Breux, Sapogne, Quincy, Inor, Lamouilly et Laferté.

(2) EBERWIN. *Vita sancti Magnerici*, N°s 45 et 56 — *Bollandistes*, VII juillet.

Eberwin était un abbé de Saint-Maximin de Trèves, qui vivait au Xe siècle. C'est donc un contemporain de la translation des reliques à Yvois, cérémonie à laquelle il assista d'ailleurs.

Il y avait à Orval, dit l'abbé Welter, une très ancienne copie sur parchemin du manuscrit d'Eberwin.

une grande foule de peuple accompagnant l'évêque, prirent
les reliques sur la montagne. Quand le cortège arriva près
de la Chiers, à Margut, une pluie abondante commença à
tomber. Mais Dieu, voulant faire éclater la gloire de son
serviteur, permit que de là jusqu'à Yvois, pendant toute la
durée du trajet, c'est-à-dire pendant plus de deux heures,
la pluie torrentielle continuât, sans qu'une seule goutte
vînt mouiller la châsse du saint, de sorte que la précieuse
relique fut visiblement préservée de l'eau, comme naguère
elle l'avait été du feu... (1) ».

Cette translation eut lieu le 7 juillet.

Depuis cette époque, Yvois garda ces reliques. Mais
parmi les sièges nombreux subis par cette ville et surtout
après le sac qui en fut fait en 1639 et qui ne laissa que
deux maisons debout, la tradition s'est égarée et l'on ignore
aujourd'hui le lieu précis où elles reposent.

En 1826, on pratiqua des fouilles dans l'église de Carignan et l'on découvrit sous le maître autel des ossements
noircis et pêle-mêle ; mais rien n'indique qu'ils sont de
saint Walfroy. Les P.P. Lazaristes conservent précieuse-
ment un os maxillaire inférieur que l'on a quelque raison
de croire être du glorieux saint ; mais, faute de preuves
authentiques, on ne saurait le livrer à la vénération pu-
blique.

VI. **L'ancien tombeau du saint.** — « L'antique tombeau de pierres que l'on voit aujourd'hui (2) au milieu de
l'église, est l'objet d'une grande vénération. Il s'élève de
trois pieds au-dessus du sol et est arrondi en forme de
voûte. On peut y entrer d'un côté et en sortir de l'autre par
une vaste ouverture à deux portes. Les pieux pèlerins
pénètrent en rampant d'un côté du tombeau et sortent du
côté opposé. Non seulement saint Walfroy a fait dans ce
lieu bien des miracles, quand ses reliques y reposaient,

(1) N. TILLIÈRE, *op. cit.*, p.p. 166 et 167. Voir également
JEANTIN, *Chron. des Ardennes et des Wœpvres*, t. II, p. 415.

(2) Rappelons que c'est au Xᵉ siècle qu'écrivait Eberwin.

avant leur translation à Yvois ; mais, depuis cette époque, les mêmes prodiges s'opèrent auprès du tombeau où la puissance du serviteur de Dieu réside toujours, quoique son corps n'y soit plus. Ce sont surtout les personnes affectées de la goutte ou d'autres maladies des pieds qui trouvent ici du soulagement. Dieu opère sans doute ces merveilles en mémoire de son fidèle stylite qui, perpétuellement debout sur sa colonne pendant sa vie, offrait à Dieu, comme un hommage de son amour et de son culte, les douleurs cruelles qu'il avait à souffrir aux pieds (1) ».

VII. **L'ermitage de Saint-Walfroy sous l'administration d'Orval.** — Le patronage de l'ancienne église de Saint-Martin et de Saint-Walfroy (2) appartenait à un noble chevalier, Jean de Lafontaine surnommé de Tassigny (3), qui, en novembre 1237, donne à l'abbaye d'Orval « une place sur la montagne, afin d'y construire une étable pour le bétail ». Il cède également à la même abbaye son droit de patronage sur l'église de Saint-Walfroy, ainsi que trois setiers, moitié froment, moitié avoine, mesure de Laferté, sur la dîme de Bièvre-la-Petite. Messire Richier de Laferté, chevalier, de qui relevait le patronage en fief et hommage, approuva cette donation, qui fut confirmée par Thierry, archidiacre de Trêves, en novembre 1240 (4).

Jean de Lafontaine donne en outre à ceux qui habiteront la maison de Saint-Walfroy pour le compte de l'abbaye, le droit de pâturage sur le ban de Bièvre-la-Petite, et celui d'usage dans le bois pour les constructions, le chauffage et les clôtures de propriétés.

(1) EBERWIN. Voir également TILLIÈRE, *op. cit.*

(2) La reconnaissance populaire avait d'abord joint le nom du *stylite* à celui de l'évêque de Tours, puis la dénomination seule de Saint-Walfroy prévalut.

(3) Du sommet de la montagne, on voit, entre Villers et Margut, ce qui reste de la vieille maison-forte de Tassigny « *petite-fille d'Yvois* ». Les Tassigny portaient : *d'or à trois merlettes de sable, armées et lampassées de gueules.*

(4) H. GOFFINET. *Cartulaire d'Orval*, p. 267.

Les fils de J. de Lafontaine, Richard et Henri, approuvèrent, sans aucune réserve, la donation de leur père. Ils se joignirent à lui et à Richier de Laferté pour prier Arnulphe III, 10ᵉ comte de Chiny, de qui mouvaient à un degré supérieur les fiefs donnés à l'abbaye, de mettre son sceau à ces lettres et d'en garantir l'exécution, ce que le comte de Chiny, qui affectionnait les religieux d'Orval, fit bien volontiers.

Cet acte est daté du mois d'août 1253 (1).

Jean de Laferté, chanoine de Saint-Siméon de Trèves et curé de Meix-devant-Virton, devait avoir aussi certains droits sur l'église de Saint-Walfroy, lesquels, par acte du 15 septembre 1250, il abandonne à Orval, avec tous les bâtiments qu'il possède à Saint-Walfroy. Cet abandon est fait moyennant une rente viagère de 15 livres (2).

Par sa donation de 1237, ce de Lafontaine cédait à Orval son droit de patronage non seulement sur l'église de Saint-Walfroy, mais aussi celui sur ses annexes : Laferté, Moiry, Lamouilly et Bièvres. Les doyens des deux chrétientés d'Yvois et de Juvigny, l'un pour Laferté et Moiry, l'autre pour Lamouilly et Bièvres, reconnaissent cette donation, qu'en 1240, confirme l'archevêque de Trèves aux conditions suivantes :

Il y aura dans cette église un vicaire, avec charge d'âmes, présenté par l'abbé d'Orval ;

pour la réparation de l'église, le traitement du vicaire et les frais du culte, on suivra la coutume du doyenné de Juvigny ;

au décès du vicaire, l'abbé d'Orval présentera un sujet à l'archidiacre, qui lui conférera les pouvoirs spirituels ;

le nouveau vicaire jurera à l'abbé de garder tous ses droits intacts.

C'est à partir de cette époque que l'abbé d'Orval nomme le vicaire de Saint-Walfroy. Nous en trouvons la preuve dans l'acte du 31 décembre 1241, par lequel Mᵉ Remy

____

(1) H. GOFFINET, *op. cit.*, p. 324.
(2) *Ibidem*, p. 316.

résigne entre les mains de Jean, abbé d'Orval, la charge de vicaire de l'église-mère de Saint-Martin et Saint-Walfroy (1). Cette résignation est faite en présence du prieur de l'abbaye, de D. Gilles, l'historien d'Albert, prieur de Chiny, de Conon, moine de Muno, et de messire Guillaume, curé de Signeulx. Albert, curé de Jamoigne et doyen rural d'Yvois, signe cet acte de renonciation.

Dans la suite, plusieurs conflits éclatèrent au sujet du droit de patronage. Ainsi, en 1292, deux clercs furent présentés à la fois pour le service de Saint-Walfroy et de Laferté : l'un, *Anselme d'Avioth*, par l'abbé d'Orval ; l'autre, *Jean Segneris d'Yvois*, par les seigneurs de Bièvres. D'un commun accord, les intéressés s'en rapportèrent à la décision de Gilles de Rapais, official de l'archevêque de Trêves, et de Nicolas Asperch, chanoine de Saint-Siméon. Après un mûr examen, les arbitres décidèrent que *l'abbé d'Orval avait seul le droit de patronage et de présentation* et qu'Anselme d'Avioth était le vicaire légitime (2).

Orval eut donc désormais toute l'administration de l'église et des biens de Saint-Walfroy. Plus tard — mais nous ignorons à quelle date — le vicaire fut supprimé et ses pouvoirs attribués au curé de Laferté. Les guerres qui ont si fréquemment ravagé les bords de la Chiers avaient-elles ruiné le village bâti sur la montagne et rendu inutile la présence d'un prêtre ? Le fait est que l'abbaye, en substituant le curé de Laferté au vicaire de Saint-Walfroy, établit des ermites sur la montagne.

Cependant, dit M. N. Tillière, l'accord ne régnait pas toujours entre Orval et son curé de Laferté, et plus d'une fois l'abbaye dut défendre ses droits méconnus. Ainsi le 17 juillet 1603, le chapitre de Juvigny, réuni dans l'église Notre-Dame d'Avioth, faisant droit aux réclamations d'Orval contre les synodaux de Laferté, régla que « le « révérend prélat d'Orval, comme curé primitif, aura la

____

(1) H. GOFFINET, *op. cit.*, p. 271.
(2) N. TILLIÈRE, *op. cit.*, p. 169.

« connaissance des oblations faites à Saint-Walfroy, pour
« icelles à l'advis dudit sieur prélat estre employées à la
« restauration et entretien requis et nécessaire de ladite
« église de Saint-Walfroy, et là où les dites oblations
« surpasseraient ledit entretien, elles seront appliquées
« tant à la réfection de l'église de Laferté qu'aux orne-
« ments et autres choses requises pour le service divin en
« ladite église... Quant à la levée desdites oblations, elle
« se fera par deux hommes synodaux choisis par ancien-
« neté, l'un par le curé, l'autre par la paroisse, iceux
« sermentez selon l'usage et coutume du chapître pour en
« rendre compte par devant ledit prélat ou son commis et
« autres qui ont droit d'y estre ». Le 19 septembre 1613,
François de Hagen, official de Trêves, confirma cette
décision.

Mais le curé de Laferté, messire Salomon d'Eprave,
mécontent d'une solution prise en son absence, se refusait
à l'admettre. Les religieux d'Orval déplacèrent le tronc et
y mirent une troisième clef, pour empêcher le curé de
l'ouvrir sans eux. De là des querelles fort peu édifiantes,
qui naturellement nuisaient aux intérêts et à l'entretien de
la chapelle de Saint-Walfroy. Aussi, c'est sans surprise
que nous lisons l'extrait suivant d'une *visite canonique*
faite le 22 juillet 1751 :

« En visitant la chapelle de Saint-Walfroy, nous avons
« trouvé beaucoup de désordre et peu de décence, et nous
« avons constaté que les offrandes des fidèles, pourtant
« assez considérables, ne servaient pour ainsi dire pas à
« son entretien et à son ornementation.

« Aussi nous ordonnons :

« 1° Que le plafond, fort délabré, soit restauré et la
« chapelle blanchie ;

« 2° Que les tonneaux, bois de chauffage et autres objets
« entassés dans la chapelle par les ermites en soient
« enlevés et n'y reparaissent plus ;

« 3° Que le tombeau de saint Walfroy, élevé au milieu
« de l'église, soit fermé de chaque côté pour qu'on n'y
« puisse plus passer ;

« 4° Que le tronc monstrueux et grossier, attaché audit
« tombeau, disparaisse et soit placé ailleurs ;

« Nous voulons que nos ordres soient exécutés avant le
« mois de mai prochain, et cela sous peine d'interdit.

« Trêves, 13 septembre 1751. (Sign.) N. Evêque de
« Myriophis, suffrag. Trev.

   « Par mandement : (Sign.) J. PIERSON (1) ».

Nous donnons, toujours d'après M. N. Tillière, la copie
d'un *Pied-Terrier*, écrit à Orval en 1745, exposant une
situation qui, peut-être, durait depuis longtemps :

« *Saint-Walfroy ou La Ferté.* — Notre vicaire de La
« Ferté ou de Saint-Walfroy met les chapelains aux
« annexes, savoir : La Mouillie et Moiry et est obligé de
« les payer.

« Nous nommons aussi le supérieur des ermites de
« Saint-Walfroy.

« Orval donne les hosties à La Ferté ou à Saint-Walfroy,
« où il y a quatre prêtres.

« *Patronage.* — Nous avons à La Ferté, où le vicaire de
« Saint-Walfroy réside, la présentation à la cure en tous
« mois, étant incorporée à l'abbaye d'Orval, et un vicariat
« perpétuel dont la mère-église est celle de Saint-Walfroy,
« qui s'entretient par les offrandes du saint, ayant pour
« annexes La Ferté, duché de Carignan, Moiry et La-
« mouillie, prévôté de Chauvency-le-Château. Les habi-
« tants desquels lieux sont obligés à l'entretien de leurs
« chapelles, érigées pour leur commodité, comme aussi
« obligés à la force, etc., au cas de réfection de la dite
« mère-église. Aussi obligés les synodaux dudit Saint-
« Walfroy de nous rendre compte des revenus en fonds
« dudit saint et des offrandes. »

« *Tronc de Saint-Walfroy.* — Il y a un tronc à Saint-
« Walfroy, où les fidèles jettent leurs offrandes, dont nous
« avons le tiers, notre vicaire le tiers et la fabrique le
« troisième tiers.

« On envoie ordinairement un religieux prêtre, le 7

(1) N. TILLIÈRE, *op. cit*, p. 172.

« juillet, jour de la translation du saint, pour y chanter la
« grand'messe ; et c'est la coutume qu'on donne ce jour-là
« à dîner au sieur curé et aux diacre et sous-diacre, et
« qu'on y porte pour cela tout ce qu'il faut d'Orval, comme
« pain, viande, poisson, etc.

« On donne ordinairement deux escalins (0 fr. 75) au
« diacre, autant au sous-diacre et deux au marlier. —
« Quant aux synodaux, on donne à chacun 3 fr. 15 sols,
« qui font 7 fr. 10 sols, à cause qu'ils portent, les six prin-
« cipales fêtes de l'année, les ornements de l'église de
« Laferté en celle de Saint-Walfroy. — On prétend que
« nous sommes obligés de faire ces frais de notre tiers des
« offrandes par coutume ; mais il n'y a aucun titre pour
« cela aux archives d'Orval, et, selon la coutume d'aujour-
« d'hui, tout ce qu'il faut donner aux diacre, sous-diacre,
« marlier, synodaux et aux ermites, à qui on donne aussi
« quelque chose, on le prend premièrement sur la totalité
« des offrandes, et puis on les divise en trois portions. On
« ouvre ce jour-là le tronc en présence des parties (1). »

Le 17 janvier 1790, M. Lhommel, curé de Laferté, écrivait la déclaration suivante :

« Selon lettres patentes du Roy, je dois aller chanter la
« messe de paroisse le lendemain de Pàques, Pentecôte, le
« jour de la fête de saint Jean-Baptiste, 24 du mois de juin,
« le 21 octobre, qui est la fête de Saint-Walfroy, patron
« de toute la paroisse ; et le vendredi saint on y prêche la
« passion ; — où il y a deux ermites pour garder ladite
« église qui est matrice de toute la paroisse. Le chemin est
« très pénible pour y aller, et il faut au moins trois quarts
« d'heure et je suis obligé de biner les susdits jours.

« Quant à Lamouilly et Moiry, il y a un vicaire dans
« chaque endroit. Cependant je ne suis pas moins obligé
« de chanter la messe de paroisse quatre fois par an (2). »

On lit dans les comptes de la fabrique de Laferté, pour
l'année 1785, les détails suivants :

(1) N. TILLIÈRE, *op. cit.*, p.p. 170-171.
(2) *Ibidem*, p. 171.

« Avoir déboursé six livres au prédicateur de Saint-
« Walfroy.

« Avoir reçu deux livres de la justice pour les places de
« la foire de Saint-Jean-Baptiste à Saint-Walfroy (25
« juin).

« Avoir déboursé cinq sols pour une bouteille servant
« pour aller dire la messe à Saint-Walfroy.

« Reçu des troncs de Saint-Walfroy la somme de 39 frs.
« 3 sols (1). »

VIII. **Le pèlerinage** — Malgré le délabrement dans
lequel étaient tombés l'église et les bâtiments de Saint-
Walfroy, la confiance populaire resta fidèle au souvenir du
saint, et, en 1742, le P. Bertholet pouvait décrire, en
parlant de l'église : « Il s'y fait quantité de miracles, tant
par l'intercession de saint Martin que par celle de saint
Walfroy. C'est ce qui a rendu ce pèlerinage célèbre, et l'on
voit encore aujourd'hui un grand concours de peuples qui
y viennent de toute part ».

Entravé un moment par les événements de la fin du
XVIIIe et du commencement du XIXe siècle, le pèlerinage
recommença bientôt. Mais des abus criants, une exploitation avide, le trafic de miracles simulés éveillèrent
l'attention de l'autorité ecclésiastique, qui jeta l'interdit
sur la chapelle.

En 1855, Mgr Gousset, cardinal-archevêque de Reims,
annonçait, du haut de la montagne, à la foule assemblée
que bientôt le pèlerinage séculaire serait canoniquement
rétabli.

Les installations se sont en effet multipliées et les bâtiments embellis : une magnifique église, au milieu de
laquelle se dresse un joli tombeau du saint, s'est élevée sur
l'emplacement de l'antique chapelle, une hôtellerie et de
vastes bâtiments permettent d'héberger les nombreux pèlerins. L'affluence des fidèles est surtout grande le 24 juin et
le premier mardi de septembre, jours des foires renommées

(1) N. Tillière, *op. cit.,* p. 171.

qui se tiennent sur la montagne. Les prix des locations des places perçus sur les marchands forains qui viennent s'y établir sont alternativement attribués aux communes de Bièvres et de Margut (1).

Des P.P. Lazaristes (2) remplacent à Saint-Walfroy, depuis 1868, les prêtres diocésains.

(1) Anciennement, la foire du premier mardi de septembre se tenait le 7 juillet, jour de la translation à Yvois des reliques du saint.
(2) De la congrégation de saint Vincent de Paul.

BIBLIOGRAPHIE

La généalogie de la famille de La Fontaine d'Harnoncourt

Par Jules VANNÉRUS

Membre effectif de l'Iustitut archéologique du Luxembourg

Le volume des *Annales de l'Institut archéologique du Luxembourg* pour 1898, que nous avons reçu dernièrement et est déposé à la Bibliothèque de notre Société, publie un travail des plus intéressants sur une des vieilles familles du pays montmédien.

En 1894, M. le comte d'Harnoncourt, qui occupe une situation officielle à la cour impériale d'Autriche, a publié à Vienne une histoire de sa famille ; c'est pour compléter cette histoire que M. Vannérus nous présente aujourd'hui une notice complémentaire de cet important ouvrage. Comme celui-ci, son étude est accompagnée d'un certain nombre de gravures, dessins relatifs à la famille des de La Fontaine et à leur histoire, tels par exemple la vue de la vieille maison de Choppey, à Marville, ancienne possession de Henri de Fontaine au XIVe siècle, des reproductions de plusieurs sceaux des comtes de Fontaine de cette époque, diverses vues modernes du village belge d'Harnoncourt, des ruines du vieux château, de l'église de Rouvroy, du rétable très ancien et curieux qu'on y voit encore et de la magnifique pierre tombale, entourée des armoiries de leurs divers fiefs, qui abrite la sépulture des de La Fontaine ; tels encore les portraits de divers membres de cette famille, celui de la comtesse actuelle de La Fontaine d'Harnoncourt et du domaine de Rebhof, en Basse-Autriche, appartenant à son mari, l'écusson moderne de cette illustre famille.

Les destinées de cette branche furent, pendant plusieurs siècles, liées à l'histoire de Marville, d'Arrancy, de Sorbey, de Cons-la-Grandville, puisqu'elle s'allia avec la famille des de Lambertye ; sous une forme assez concise, l'étude consciencieuse de M. Vannérus n'en est pas moins intéressante et apporte une contribution nouvelle et inédite à notre ancienne histoire locale. A ces divers titres, elle sera accueillie avec joie et consultée avec profit par tous ceux qui s'intéressent tant soit peu aux origines et au passé de notre pays luxembourgeois.

Où pourraient être les reliques de saint Walfroy ?

Par F. HOUZELLE

A la séance qui suivit l'excursion à Saint-Walfroy, j'avais donné lecture de notes extraites d'un travail fort intéressant de Dom Germain Morin, le savant bénédictin de Maredsous : *Saint Walfroy et saint Wulphy. Note sur l'identité possible des deux personnages*, publié dans les *Analecta bollandiana*, t. xvii, fasc. iii (31 octobre 1898), p.p. 307-313. Depuis, j'ai dû égarer ces notes ; aussi, dans la crainte de commettre quelque erreur, n'ai-je pas parlé dans ma *Notice historique sur saint Walfroy et son pèlerinage* de la possibilité très admissible que les reliques du saint fussent transférées d'Ivoix à Rue (1), puis à Montreuil.

Afin que je puisse compléter cette notice, M. Léon Germain, toujours si obligeant, a bien voulu me communiquer un exemplaire des *Annales de l'Est* (2), dans lequel il a donné une analyse du curieux travail de Dom G. Morin, et d'où j'extrais en partie ce qui suit.

Le corps de saint Walfroy avait été inhumé sur la montagne qu'il sanctifia de ses austérités, puis transféré, en 970, dans l'antique castrum d'Ivoix, auprès de l'emplacement duquel s'élève la ville moderne de Carignan. Mais l'église où, d'après la tradition locale, le corps fut déposé, était déjà détruite au xiie siècle, et, quant aux reliques, il n'en est plus fait mention dans aucun document. On ne sait ce qu'elles sont devenues, ont dit tous les historiens, qui se sont bornés à émettre des hypothèses très variées sur l'époque à laquelle elles ont pu disparaître.

(1) Chef-lieu de canton, arrondissement d'Abbeville (Somme).
(2) *Annales de l'Est*, juin 1899.

Depuis de longs siècles, on vénère à Rue, petite ville de Ponthieu, un saint *Wulphi*, en l'honneur duquel deux églises paroissiales s'élevaient jadis : l'une d'elles, détruite en 1826, datait, dit-on, du xiie siècle. Les reliques du saint, conservées d'abord, paraît-il, dans cette ville, furent transférées à Montreuil, à une époque incertaine, et déposées dans l'église de l'abbaye de Saint-Sauve, où elles existaient en 1435 et où, du moins en partie, elles sont encore conservées. Dès le xiie siècle, le culte du saint était répandu dans la contrée.

Or, la vie de ce saint paraît tout à fait légendaire ; aucun renseignement certain ne peut être fourni sur lui ; mais de cette légende se dégagent quelques faits qui ne sont point sans présenter de l'analogie avec l'histoire de saint Walfroy. Dom G. Morin a recherché s'il n'y aurait pas identité entre saint *Walfroy* et saint *Wulphy*. Si différents que soient aujourd'hui ces deux noms, on cons· tate qu'ils étaient autrefois fort semblables, notamment sous la forme fréquente *Wulflagius*, nom très rare assurément. Entre la fin du xe siècle, où se perd le souvenir précis des reliques de saint Walfroy, et le xiie siècle, où remonte la légende de saint Wulphy, il s'est passé un fait qui expliquerait le transfert de ces reliques du pays d'Ardenne dans celui de Ponthieu.

Godefroy le Bossu, duc de Lorraine et de Bouillon, avait, par testament, institué pour son héritier universel son neveu Godefroy dit de Bouillon (1), qui, pensant que le comté de Stenay faisait partie de son legs, en prit possession et le fortifia d'un bon château, au sud de la ville de Stenay et du prieuré de Saint-Dagobert (2). Il espérait également tenir le duché de Basse-Lorraine ; mais l'empe-

---

(1) Godefroy le Bossu, fils de Godefroy le Barbu ou le Haut-Hardy, avait une sœur, Ide, qui épousa Eustache II, comte de Boulogne ; et de ce mariage étaient issus : 1° *Godefroy de Bouillon*, 2° *Baudoin*, qui fut roi de Jérusalem, et 3° *Eustache III*, lequel continua la famille des comtes de Boulogne.

(2) Ce château fut plus tard remplacé par la citadelle de Stenay. •

reur en disposa autrement. La privation de ce duché affaiblit le crédit de Godefroy, et Thierry, évêque de Verdun, crut le moment favorable pour lui contester ses droits sur le comté et la ville de Verdun. Dans ce but, Thierry et ses alliés Henri, comte de Grandpré, et Albert, comte de Namur, que le prélat a nommé son vicomte, viennent assiéger le château de Stenay, en 1086. Mais l'arrivée des troupes que Godefroy et ses frères, Baudoin et Eustache, amenaient au secours de la place, décida Thierry, après le combat du *Champ des Morts*, à Nepvant, à lever le siège de Stenay. Or, Godefroy et ses frères appartenaient à la famille des comtes de Boulogne, et il est naturel de supposer qu'ils ont d'abord recruté dans le domaine patrimonial les troupes amenées au secours de Stenay assiégé. Si l'on considère la proximité d'Ivoix et de Stenay et la célébrité de saint Walfroy, dit M. L. Germain, on s'expliquera sans grande difficulté que, dans de telles conjectures, la châsse renfermant les reliques du saint ait été transportée en Ponthieu. « Ce ne serait qu'un exemple de plus à ajouter à tant de pieux larcins dont l'histoire religieuse de cette époque est remplie ». (D. G. Morin).

L'érudit Bénédictin conclut de la manière suivante :

« En résumé :

« On perd toute trace des reliques de saint Walfroy depuis leur translation à Ivoix vers la fin du X⁰ siècle. Deux siècles plus tard, on constate à Montreuil et à Rue, dans le Ponthieu, le culte d'un saint Wulphy, au sujet duquel on ne sait rien avant cette époque.

« Saint Walfroy et saint Wulphy portent le même nom en latin, *Wulflagius*, corruption d'un nom d'une physionomie absolument étrangère, et qui ne s'explique que par l'origine du personnage qui l'a porté.

« Les traditions relatives aux deux saints n'offrent aucune particularité certaine qui rende impossible leur identité.

« Enfin, la possibilité d'un transfert des reliques de saint Walfroy en Ponthieu se déduirait assez naturellement du fáit que des troupes amenées par Eustache de Boulogne ont séjourné dans la région de Stenay, tout près d'Ivoix, par conséquent en l'année 1086 ».

Les religieux de Saint-Walfroy ont voulu réfuter la thèse très intéressante de Dom G. Morin, présentée, d'ailleurs avec beaucoup d'érudition. Malgré tout, le transfert des reliques du saint du pays d'Ardenne dans celui de Ponthieu est très admissible et parait même fort probable.

NOTES

SUR

LA FUITE DE LOUIS XVI

POUR SERVIR A L'HISTOIRE DE MONTMÉDY

Par A. PIERROT

Notre compatriote, M. Victor Fournel, de Cheppy, près Varennes, dans une étude, aujourd'hui classique, parue en 1890 sous le titre suivant : *l'Evénement de Varennes*, a tracé de la tentative de fuite de Louis XVI un récit définitif. Ce récit, malheureusement, se termine à l'arrestation de la famille royale ; il serait très intéressant pour notre région de savoir les plans formés par les fugitifs après leur passage à Varennes et c'est ce que nous allons essayer de faire, en nous aidant de documents à notre disposition.

Cette enquête peut se ramener aux deux points suivants : 1° Connaissance des intentions du roi ; 2° Dispositions prises pour asurer sa marche de Varennes à la frontière.

On s'est demandé si le roi avait réellement l'intention de se réfugier à Montmédy, au milieu et sous la protection de l'armée du marquis de Bouillé, ou si, sous le prétexte de se rendre dans cette ville, il n'avait pas, au fond, le dessein de passer à l'étranger. Les ennemis de Louis XVI ont soutenu cette thèse et ont prétendu que le plan de l'infortuné monarque consistait à se rendre à l'abbaye d'Orval, en pays autrichien, à proximité de Luxembourg, des troupes autrichiennes et des émigrés.

On s'est même servi de ce prétexte pour justifier l'attaque

et l'incendie du monastère d'Orval par les soldats du général Loison en 1793 ; la vengeance que la Convention voulut tirer de cette abbaye pour l'asile prétendu qu'elle voulait offrir à Louis *XVI* ne servit en réalité qu'à légitimer le pillage auquel elle fut livrée, avant et après le bombardement, par les révolutionnaires et les troupes.

Les témoignages des contemporains et les intérêts de la royauté suffiraient d'eux-mêmes à démentir cette version. Nous avons d'abord la déposition du marquis de Bouillé, gouverneur de Metz, qui était au courant des intentions du roi, puisqu'il était chargé d'en assurer l'exécution avec les forces militaires dont il disposait.

Dans ses *Mémoires*, tome II, page 62, il dit : « Je destinai un château situé derrière le camp pour le lieu de sa résidence et de celle de la famille royale, persuadé que Sa Majesté serait plus en sûreté au milieu de son armée qu'enfermée dans une ville. » Et le baron de Goguelat, qui fut aussi un des collaborateurs de la fuite du roi, ajoute dans les *Mémoires justificatifs* qu'il a publiés sur ce sujet (Beaudoin frères, Paris 1823, note E bis, page 51) : « Ce château tient au village de Thonnelle et appartient à M. l'abbé de Coursille. »

D'autre part, des *Mémoires* en quatre colonnes, faussement attribués au coiffeur de la reine Léonard, qui prit part à la fuite de Varennes, mentionnent aussi le château de Thonnelle, près Montmédy, comme le lieu de destination de la famille royale. Si ces *Mémoires* sont apocryphes, ils n'en ont pas moins été rédigés par une personne fort au courant des détails de cette tentative et sont par là même des plus curieux à connaître. M. G. Lenôtre leur a consacré dans le *Temps* du 19 septembre 1900, sous ce titre : *Le cas de M. Léonard*, une étude critique où il retrace le rôle joué par ce complice malgré lui de cet événement historique ; nous reproduisons, à titre de document, ce passage de son étude qui apporte, d'ailleurs, une nouvelle contribution à l'événement de Varennes :

La façon dont Léonard se trouva mêlé à l'un des plus grands événements de la Révolution est assez peu claire : il semble toujours, quand on lit les récits des contemporains, qu'il y a, sur ce point, quelque chose « qu'on ne dit pas ». Ce comparse, d'ailleurs, a paru trop infime pour qu'on ait songé jusqu'à présent à recueillir et à coordonner les rares indications éparses à son sujet dans les documents de l'époque ; ce groupement n'est cependant pas sans intérêt, comme on va le voir.

Le 20 juin 1791, à une heure un quart de l'après-midi, au moment de se mettre à table avec le roi, Marie-Antoinette fit appeler Léonard, logé aux Tuileries en sa qualité de valet de chambre coiffeur de Sa Majesté. Il accourut, pénétra dans le salon où se tenait réunie la famille royale. Il vit le roi causant dans une embrasure de fenêtre avec Mme Elisabeth ; le dauphin et sa sœur jouaient ensemble ; la reine, appuyée contre la cheminée, fit signe au coiffeur d'approcher et lui dit à voix basse :

— Léonard, je puis compter sur vous ?

— Ah ! madame, répondit-il, disposez de moi ; je vous suis tout dévoué.

— Je suis aussi bien sûre de votre dévouement, reprit Marie-Antoinette (ce sont ses paroles textuelles) ; voilà une lettre ; portez-la au duc de Choiseul, rue d'Artois ; ne la remettez qu'à lui ; s'il n'était pas rentré, il serait chez la duchesse de Grammont. Mettez une redingote et un chapeau rond pour n'être pas reconnu ; obéissez-lui exactement comme à moi-même, sans réflexion et sans la moindre résistance.

La reine paraissait très émue ; elle ajouta :

— Allez vite et dites-lui mille et mille choses de ma part.

Léonard salua et sortit : à deux heures, il entrait chez le duc de Choiseul ; il portait des bas de soie blancs, une culotte de soie, une grande redingote par dessus son habit et un chapeau à larges bords qui lui couvrait le front et les yeux. Le duc, qui l'attendait, lui fit promettre d'obéir aveuglément, ouvrit la lettre de la reine, en montra les dernières lignes à Léonard qui put y lire une nouvelle recommandation d'exécuter fidèlement les ordres qui lui seraient donnés ; puis M. de Choiseul brûla le billet à la flamme d'une bougie et entraîna le coiffeur stupéfait. Dans la cour de l'hôtel stationnait un cabriolet fermé ; voyant qu'il s'agissait d'y monter, Léonard regimba et, sur l'annonce que le duc « devait le mener très vite à quelques lieues de Paris pour remplir une commission particulière », il s'excusa de ne pouvoir le suivre.

— Monsieur, dit-il, comment vais-je faire ? J'ai laissé ma clef sur la porte au château ; mon frère ne saura pas ce que je suis devenu ; et j'ai promis à Mme de Laage de la coiffer... elle m'attend ; mon cabriolet est dans la cour des Tuileries pour me conduire chez elle... Mon Dieu ! comment arranger tout cela ?

Choiseul l'assura, en riant, que les ordres étaient déjà donnés pour que son domestique se tranquillisât et eût soin du cheval ; qu'il coifferait Mme de Laage un autre jour ; et, tout en parlant, il le poussait dans la voiture dont il baissa les stores et qui partit à grande allure sur la route de Bondy ; un valet de pied, nommé Boucher, se tenait sur le strapontin.

A Bondy, des chevaux de poste attendaient le cabriolet qui continua, sans arrêt, jusqu'à Meaux. L'étonnement de Léonard augmentait à chaque relai : il revenait toujours à ses inquiétudes sur sa clef, sur son domestique, sur la coiffure de Mme de Laage et ne cessait de répéter : « Elle m'attend, monsieur, elle m'attend ! Où allons-nous donc ? » Quand il vit qu'on passait Meaux, son émoi devint tel qu'il fallut bien lui révéler une partie de la vérité : le duc lui apprit donc qu'il l'emmenait à la frontière, « où il devait s'acquitter d'une mission de la plus haute importance, concernant le service de la reine » ; il lui rappela sa promesse d'obéir sans hésitation et fit appel à son dévouement. Léonard se mit à larmoyer :

— Oh ! sûrement, monsieur, sûrement, geignait-il (ces dialogues se retrouvent sous cette forme précise dans les pièces du dossier ou dans les dépositions des principaux acteurs du drame), mais comment reviendrai-je ? Vous le voyez, je suis en bas et culotte de soie ; je n'ai ni linge, ni argent. Mon Dieu ! comment faire ?

Il se calma pourtant quand le duc eut certifié que rien ne lui manquerait. A Montmirail, les voyageurs firent halte et soupèrent ; puis ils se couchèrent tout habillés sur un lit. A trois heures et demie du matin, ils se remirent en route ; à dix heures, ils relayaient à Châlons et, une heure plus tard, ils arrivaient à Pont-de-Somme-vesle, où les attendaient quarante hussards sous les ordres du lieutenant Boudet. C'est là que, voyant croître l'anxiété de son compagnon, Choiseul crut utile de lui tout révéler : le roi et sa famille avaient dû quitter à minuit les Tuileries ; avant deux heures, ils seraient là et les hussards escorteraient la voiture royale jusqu'à Sainte-Menehould, où stationnait un autre détachement commandé par le capitaine d'Andoins ; à Clermont étaient casernés les dragons du colonel de Damas, qui, sur le passage de la famille royale, devaient « fermer la route » et arrêter toute circulation jusqu'à ce que le roi se trouvât en sûreté au château de Thonnelle, près de Montmédy, qui avait été préparé pour le recevoir. La « valise » du cabriolet dans lequel Choiseul et Léonard avaient voyagé depuis Paris contenait un habit de gala du roi — l'habit rouge et or de

Cherbourg, — son linge, une partie des bijoux de la reine et les diamants de Mme Elisabeth.

Léonard en pensa perdre la tête ; il fondit tout d'abord en larmes, parla de donner sa vie pour ses bons maîtres, protesta de son dévouement, finit par « sécher ses pleurs » et se mit à table où il dina fort longuement.

.... Que vient donc faire ce perruquier dans cette aventure ? Une seule réponse paraît plausible : la reine ne pouvait supporter la pensée de ne pas être attifée à Thonnelle aussi élégamment qu'elle l'était aux Tuileries ; de toute sa cour de gentilshommes prêts à donner leur vie pour elle, de cette armée de défenseurs qui seront fidèles jusqu'à la mort, elle élit, pour l'assister dans la circonstance la plus grave de son existence... son coiffeur. Et par un tragique retour des événements, il se trouva que cette légèreté lui fut fatale. Car voici qu'à Pont-de-Sommevesle les paysans s'attroupent autour des hussards ; le bruit court d'une réquisition à main armée ; ils s'ameutent ; un conflit est près d'éclater. Choiseul, convaincu, à n'en pas douter, que la voiture royale doit paraître incessamment, essaie, sans succès, de gagner du temps ; mais le retard du roi est maintenant de trois heures ; est-ce donc qu'il a été arrêté à Châlons ? A-t-il pu même quitter les Tuileries ? En présence de l'attitude hostile des paysans, Choiseul prend le parti d'emmener la troupe ; il se retire avec elle, à travers champs, laissant la route libre, après avoir donné l'ordre à Léonard de poursuivre sa route jusqu'à Montmédy, en le chargeant de prévenir du contre-temps les officiers des détachements de Sainte-Menehould et de Clermont ; même il lui remit, pour leur être montré, un billet ainsi conçu : « Il n'y a pas d'apparence que le *Trésor* passe aujourd'hui... vous recevrez demain de nouveaux ordres » Et c'est ainsi que Léonard fut inopinément transformé en agent actif de l'entreprise. Il prit, avec Boucher, le valet de chambre du duc, la route de Sainte-Menehould, où il devait arriver à sept heures du soir.

Voilà deux documents, de source bien différente, qui contredisent l'assertion de M. de Valory qui dit, dans son *Précis historique sur la fuite de Varennes*, que le roi lui aurait fait cette confidence : « J'irai demain 21 coucher à l'abbaye d'Orval. M. le marquis de Bouillé m'attend avec un corps d'armée en avant de Montmédy. » Cette inexactitude n'est pas la seule que contienne ce récit. Le baron de Goguelat fait d'ailleurs remarquer fort justement que le roi n'a pu faire cette déclaration à M. de Valory, car il savait qu'Orval se trouvait en Luxembourg et la lettre qu'il avait laissée à Paris avant son départ, à l'adresse de l'Assemblée nationale, affirmait son intention de ne pas quitter le territoire français.

Cette déclaration est confirmée par la réponse que fit le monarque aux commissaires nommés pour l'entendre dans son interrogatoire du 19 juin 1791, reproduit par le N° du *Moniteur universel* du mercredi 29 juin 1791 : « Je pourrais donner pour preuve de mon intention que des logements étaient préparés à Montmédy (on a vu plus haut que c'est après réflexion et peut-être sans en avoir avisé Louis XVI que le marquis de Bouillé avait cru plus prudent de transporter à Thonnelle sa résidence) pour me recevoir, ainsi que ma famille. J'avais choisi cette place parce qu'étant fortifiée, ma famille y aurait été en sûreté et, qu'étant près de la frontière, j'aurais été plus à portée de m'opposer à toute espèce d'invasion si on eût voulu en tenter quelqu'une et de me porter partout où j'aurais pu croire qu'il y avait quelque danger. Enfin j'avais choisi Montmédy comme le premier point de ma retraite, jusqu'au moment où j'aurais trouvé à propos dans telle autre partie du royaume qui m'aurait paru convenable. »

Dans ses déclarations à la municipalité de Varennes, ainsi qu'en atteste le procès-verbal du 27 juin 1791, rédigé et signé par tous les membres de cette municipalité, Louis XVI a toujours affirmé, sans aucune variation, que son intention était de se rendre à Montmédy et qu'il n'avait jamais eu la volonté de sortir du royaume. *(Annuaire de la Meuse,* 1868).

Il ne faudrait pas non plus arguer de la déposition d'un sieur Faucheur, de Villers-devant-Orval, qui témoigna que « la veille de la fête du Saint-Sacrement, qui alors se célébrait le jeudi, [il] avait vu traverser sa commune par des seigneurs et autres personnes de la suite de Louis XVI qui venaient de Varennes et furent dirigés sur Orval, où ils couchèrent ; leurs chevaux étaient harassés. C'était le jour de l'arrestation du roi. » Il est tout naturel que les compagnons ou complices de Louis XVI, soucieux d'éviter son sort, aient gagné au large et mis la frontière entre eux et la colère populaire ; il s'agit évidemment de Bouillé et des officiers sous ses ordres.

Nous avons pleine confiance dans la bonne foi de Louis XVI à ce moment ; l'intérêt de sa cause lui commandait de ne pas franchir de plein gré la frontière pour pactiser avec les ennemis de la France, et se mettre sous leur protection ou à leur tête pour reconquérir son trône. C'est d'une évidence absolue. Avec un général royaliste comme Bouillé, au milieu d'une armée bien dans la main de son chef, à l'abri d'une place forte, la sécurité du roi était assurée et il pouvait, loin des révolutionnaires de Paris, tout en se trouvant à quelques jours de marche de la capitale, attendre ou précipiter à son gré les événements. Sa sécurité était aussi grande, d'ailleurs, à Thonnelle qu'à Orval ; quelques kilomètres le séparaient à peine des Pays-Bas et, en un temps de galop, deux chemins pouvaient le porter directement à l'abbaye d'Orval.

Louis XVI, que ses adversaires accusaient déjà depuis longtemps et avec passion d'être en relations avec les cours étrangères et de favoriser leurs entreprises contre la France, n'eût pas été assez imprudent pour se compromettre aussi gravement et donner corps aux griefs qu'on invoquait contre lui ; il n'eût jamais, sans y être forcé, pris sur lui de passer à l'étranger et les événements ne commandaient pas cette attitude.

Il nous semble donc, d'après les considérations d'intérêt de la monarchie et les documents cités plus haut, que la question est résolue et favorablement en faveur de Louis XVI.

On trouverait au surplus un argument probant dans la tradition, soigneusement conservée à Montmédy, que Louis XVI devait être, au moins provisoirement, l'hôte de cette ville. Des préparatifs avaient été faits en effet dans la maison de M. Petitjean, notaire royal, actuellement trans·formée en tribunal, qui était destinée à le recevoir, pour le loger lui et sa suite immédiate. Les dispositions prises à Montmédy, aussi bien qu'à Thonnelle, pour recevoir le royal visiteur montrent surabondamment qu'il n'était pas dans son intention d'abandonner dès l'abord le territoire français.

II

Il nous reste à examiner quels étaient les préparatifs faits pour assurer la libre fuite de la famille royale. Dans son *Histoire de la Révolution*, Thiers nous apprend que les détails du trajet de Paris à Châlons avaient été réglés par la reine et ceux du trajet de Châlons à Montmédy l'avaient été par Bouillé. C'est de cette dernière partie seule que nous avons à nous occuper.

Les informations que nous possédons à ce sujet sont de plusieurs sortes et viennent de plusieurs sources ; nous les examinerons successivement.

Le *Moniteur Universel* du 30 juin 1791 nous apporte d'abord l'opinion et quelques renseignements des administrateurs du district de Montmédy sur l'entreprise de Bouillé ; leur déposition est une preuve éclatante de leur civisme et de leurs tendances républicaines. Voici, en effet, dans quels termes était conçue l'adresse qu'ils envoyèrent à cette occasion à la Convention. Leur républicanisme était à la hauteur de leur patriotisme et les roturiers et les bourgeois, qui témoignaient ainsi publiquement de leur attachement à la Révolution, devaient montrer l'année suivante par leur héroïsme qu'ils étaient dignes de cette liberté qu'ils entendaient défendre contre les ennemis de l'extérieur et contre les émigrés.

Ce général [Bouillé], qui jouissait de la confiance du Corps législatif, vient donc de commettre le plus grand des attentats contre la nation, celui de protéger la fuite ou l'enlèvement de son premier fonctionnaire public. Depuis plusieurs jours, le bruit s'accréditait qu'un camp devait se former près de cette ville ; différents convois apportaient dans nos magasins et dans nos arsenaux des vivres et des munitions de guerre. M. Kleiglin et plusieurs autres officiers généraux étaient occupés à visiter le terrain. Des détachements de différents régiments allemands se mettaient en marche. On avait douné des ordres pour faire cuire dans cette ville 1800 rations de pain. Le même jour. lundi 20, M. Bouillé logea avec les officiers de sa suite dans l'abbaye de.... près Stenay ; il donna ordre à des détachements du régiment ci-devant Royal-Allemand de se porter vers Mongay (sans doute Mouzay), sur la route par laquelle le roi devait passer ; à trois heures du matin, il donna ordre au reste du régiment de se réunir à ses détachements ; la municipalité de Stenay n'étant pas avertie de leur destination en conçut des inquiétudes. Cependant un détachement de hussards reçut ordre de se rendre à Varenne ; un autre détachement de hussards, sous les ordres de M. Keiglin, et plusieurs compagnies de chasseurs reçurent le même ordre. Ces mouvements extraordinaires, des aidés de camp parcourant toutes les routes, des vedettes placées partout, répandirent des alarmes. Enfin le bruit courut que les voitures que ces troupes devaient escorter avaient été arrêtées, qu'elles contenaient le roi, la reine, leurs enfants. Presque tous les officiers de Royal-Allemand ont aussitôt disparu.... Placés à l'extrémité des frontières, nous vous prions de jeter un regard sur notre ville ; elle n'a d'autre garnison en ce moment que des troupes allemandes qui y ont été établies par les ordres de M. Bouillé. Si la position sur un roc la rend très forte, sa situation près de Luxembourg rend sa défense très impor'ante ; notre patriotisme connu triomphera de la perversité de nos ennemis. »

A cette adresse sont joints des procès-verbaux dont voici des extraits :

Le 13 juin, à quatre heures de relevée, les administrateurs étant assemblés, sont comparus MM.... adjudans et appointés des chasseurs du 16° régiment, ci-devant Champagne, en détachement à Montmédy, et ont déclaré que ni eux ni les chasseurs sous leurs ordres n'ont eu connaissance des différentes marches qu'on leur a fait faire : qu'ils ont été de Montmédy à Stenay sous le commandement de M. Kleiglin ; que les officiers ne leur en ont pas dit les motifs ; que M. Sarrebousse leur a dit que ces marches étaient ordonnées pour exercer les troupes à la fatigue ; que M.... leur avait dit qu'il s'agissait d'une affaire épineuse, mais qu'il les assurait que s'ils en venaient à bout, ils acquerraient de la gloire : que M. Duplessis leur a dit que s'il passait un courrier, il fallait l'avertir et qu'il est plusieurs fois venu voir lui-même si ce courrier n'était pas arrivé ; qu'enfin MM. Kleiglin et Duplessis se sont portés avec leurs détachements sur les villes de Stenay et de Dun, après avoir fait défense aux cavaliers de communiquer avec les bourgeois, qu'ayant appris que les voitures qu'ils devaient escorter avaient passé, ils avaient dit qu'on aurait dû partir deux heures plus tôt et qu'au surplus on attaquerait d'un autre côté.

M. Boisset, capitaine au corps royal du génie, a déclaré n'avoir eu aucune connaissance du motif du mouvement des troupes.

M. Reyneaud, lieutenant pour le roi à Montmédy, a déclaré n'avoir eu aucune connaissance du projet, mais avoir vu M. Bouillé, avec MM. Pleymanes et Kleiglin, avoir fait la visite de la Haute Somme [Sommauthe], où ils voulaient établir un camp ; qu'ils ont ensuite visité la Meuse et qu'ils attendaient le régiment de Hesse-Darmstadt...

* * *

Les *Mémoires* de Bouillé constituent aussi une mine précieuse où il n'y a qu'à puiser pour connaître par le menu toutes les dispositions qu'il avait crû devoir prendre pour assurer le libre passage de son royal protégé ; il n'y a qu'à reproduire le récit qu'il en a fait depuis ; aucun document n'a plus de véracité et de valeur.

Nommé en 1790 commandant en chef des troupes de Lorraine, d'Alsace, de Franche-Comté et de Champagne dépendant de son commandement de Metz, le marquis de Bouillé était à la tête d'une véritable armée : 110 bataillons et 104 escadrons. Après l'avoir fait manœuvrer et camper sur la Seille, son chef se proposait de la concentrer à Montmédy afin de se mettre en communication avec Luxembourg et l'étranger.

Dans les premiers jours de novembre 1790, il commença avec le roi, au sujet de sa sortie de Paris, une correspondance régulière qui devait durer huit mois.

Les villes, dit-il, que je lui proposai pour le lieu de sa retraite furent Montmédi, Besançon, Valenciennes.... Montmédi est à 80 lieues de Paris Cette ville, située à l'extrême-frontière, n'est éloignée que d'un mille du territoire autrichien et de 6 du Luxembourg, dont le voisinage pouvait être très utile. Sous le canon de la place qui,

quoique petite et contenant peu d'habitants, est extrêmement forte,
il y avait un camp très convenable pour un petit corps de troupes. Ce
fut cette dernière ville que le roi choisit. Il m'en prévint, en m'ordonnant de faire pendant l'hiver tous les préparatifs nécessaires pour
pouvoir y rassembler, au printemps, une force militaire considérable
et tout ce que je croirais devoir être utile au succès de l'expédition.

Vers la fin du mois de janvier 1791, le roi me prévint qu'il espérait
pouvoir partir de Paris dans le courant de mars ou d'avril. Il voulut
connaître la route qu'il aurait à suivre pour se rendre à Montmédi et
les mesures que j'avais prises afin d'assurer sa retraite dans cette
ville. Je lui écrivis : « Il y a deux routes qui conduisent de Paris à
cette forteresse : l'une par Reims et Stenay, sur laquelle (ce qui est
fort important) on rencontre très peu de villes ; l'autre par Châlons,
Sainte-Menehould, Varennes ou Verdun ; mais cette dernière ville
est extrêmement dangereuse parce que ses habitudes, sa garnison et
sa municipalité sont détestables. Pour éviter ce danger, il est nécessaire de prendre la route de Varennes. D'un autre côté, il n'y a point
de poste dans cette ville ; inconvénient assez grand, auquel il faudra
pourvoir. » Je pressai encore Sa Majesté d'engager l'Empereur à
faire marcher un corps de troupes à la frontière de Luxembourg près
de Montmédi, afin que j'eusse un prétexte de rassembler une armée
et de faire tous les préparatifs nécessaires pour le camp projeté.
J'observai en finissant que ce serait un motif de sécurité de plus
pour Sa Majesté, quand elle serait arrivée au lieu de sa retraite.

Peu de jours après, je reçus une réponse du roi, dans laquelle il
m'informa que désirant éviter Reims, où il avait été couronné et où
il était plus connu du peuple, il préférait la route de Varennes. Il
me dit en même temps qu'il avait reçu la promesse formelle de
l'Empereur de faire marcher, au premier avis, un corps de 12 à
15.000 hommes vers les frontières de la France.

Quels étaient les projets du roi à son arrivée à Montmédi ? Quelle
conduite proposait-il de tenir envers l'Assemblée ? Je n'en ai jamais
été instruit.

. . . .

Peu de jours après, je reçus une lettre du roi, en chiffres. Il
m'informait qu'il avait fixé à la fin de mars ou au plus tard au commencement d'avril, l'époque de son départ de Paris. Déterminé à
prendre la route de Varennes à Montmédi, il me recommandait
d'établir, de Châlons à cette dernière ville, à des distances peu
éloignées, des troupes de lignes.... Dans ma réponse, je pris la
liberté de représenter à Sa Majesté que la route qu'elle avait choisie
avait de grands inconvénients, parce qu'on serait obligé de placer

des relais pour suppléer au défaut de chevaux de poste ; ce qui m'obligerait à mettre quelqu'un dans le secret ou m'exposerait à faire naître des soupçons.... Je m'efforçai, en conséquence, de persuader à Sa Majesté de se rendre à Montmédi par la route de Reims ou celle de Flandre, sn passant par Chimay et en traversant les Ardennes.... J'insistai sur la nécessité d'un mouvement de la part des troupes autrichiennes dans les environs de Luxembourg et de Montmédi. Je témoignai le désir qu'elles vinssent camper à Arlon, entre ces deux places, en observant au roi que, quand il ne voudrait pas les employer, elles lui serviraient toujours à tenir l'Assemblée en échec, en lui montrant qu'il n'était pas sans ressources.

Le roi, dans sa réponse, me fit savoir qu'il était résolu à prendre la route de Varennes. Il me répéta la même objection qu'il m'avait faite contre la route de Reims et me témoigna une aversion encore plus grande à traverser le territoire de l'Empereur et la ferme détermination de ne pas passer les limites de ses Etats. Il exigea absolument que des détachements fussent placés sur la route et ne voulut jamais consentir à mettre sa famille dans deux voitures différentes. Il me promit cependant de prendre avec lui M. d'Agoult et d'attendre, avant de partir, que l'Empereur eût fait marcher un corps de troupes sur la frontière de Montmédi.

Instruit de la détermination définitive de Sa Majesté, je commençai à faire les dispositions nécessaires à l'exécution de son projet. (Bouillé reçut un million en assignats pour acheter secrètement des fourrages, munitions et provisions et les partager entre les colonels des régiments pour être distribués en numéraire aux soldats). Je répandis immédiatement l'alarme sur toute la frontière, en annonçant un grand mouvement de la part des troupes autrichiennes, quoi qu'elles n'eussent pas bougé...

La municipalité de Metz envoya une députation à l'Assemblée pour se plaindre de ce que leurs frontières n'étaient pas défendues et de ce qu'on ne prenait pas les précautions nécessaires à leur sûreté. Cette démarches favorisa mes desseins, en m'autorisant à rassembler à Montmédi des provisions, des munitions, de l'artillerie et tout l'attirail nécessaire à l'établissement d'un camp ; elle me fournit aussi l'occasion de placer dans les environs de cette ville quelques bons régiments.

. . . .

Toutes les dispositions et les préparatifs nécessaires au départ du roi, qui devait avoir lieu dans le commencement de mai, étaient déjà faits ; tout était prêt à Montmédi pour le recevoir. Les mesures étaient prises, afin qu'il se trouvât à son arrivée un petit corps de

troupes sous le canon de forteresse, à un mille du territoire du
Luxembourg. Les munitions et les provisions de tous genres étaient
arrivées ; en un mot, il ne me restait plus rien à faire. Mais les
troupes étaient tellement infectées de jacobinisme, que dans toutes
celles de la Lorraine, des Evêchés et de la Champagne, il n'y avait
que 8 ou 10 bataillons et les régiments suisses ou allemands sur
lesquels je pusse compter ; toute l'infanterie française était si cor-
rompue qu'il n'y avait pas un régiment que je pusse me hasarder à
placer près du roi.

On m'avait retiré avec le plus grand soin mes meilleures troupes
et je n'avais pas, à cette époque, dans tout mon commandement plus
de 30 escadrons qui fussent restés fidèles à leur souverain. Le corps
de l'artillerie était si mauvais que je n'eusse pas trouvé assez de
canonniers pour faire le service d'une seule pièce. Le peuple n'était
pas dans des sentiments plus favorables.

J'instruisis le roi des dispositions de l'armée et du peuple et je le
pressai plus vivement que jamais (s'il persistait dans son projet) de
solliciter l'appui d'un corps de troupes autrichiennes. (Bouillé doutait
que le roi pût arriver à Montmédy ; il disait :) Même en supposant
deux choses très douteuses, c'est-à-dire l'arrivée du roi à Montmédi...
il eût été impossible avec d'aussi faibles moyens (c'est-à-dire si les
constitutionnels se réunissaient aux jacobins) que je me maintienne à
Montmédy, et le roi, qui redoutait par dessus tout une guerre civile,
eût été obligé de quitter le royaume.

Voici quel était mon plan : J'avais donné les ordres pour rassembler un petit corps de troupes destiné à couvrir Montmédi et à
assurer la route du roi depuis Châlons jusqu'à cette place. J'avais
placé 8 bataillons étrangers, la seule infanterie sur laquelle je puisse
compter, à la distance d'un, de deux ou de trois jours de marche de
cette dernière ville. Ces 8 bataillons et ces 30 escadrons formaient
toute ma force. J'avais à Montmédi un train d'artillerie composé de
60 pièces de canon, indépendamment de la nombreuse artillerie de la
place. Tout ce qui était nécessaire à l'entretien et au service d'une
aussi petite armée était déjà renfermé dans la ville. Le régiment de
Royal-Allemand fut posté à Stenay, un escadron de hussards à Dun
et un autre à Varennes. Deux escadrons de dragons devaient se
trouver à Clermont le jour du passage du roi. Ils étaient commandés
par le comte Charles de Damas, dans lequel j'avais la plus entière
confiance ; il était chargé de placer un détachement à Sainte-Menehould ; 50 hussards devaient être, de la même manière, postés à
Pont-de-Somvèle, entre Châlons et Sainte-Menehould.

Le 17 mai, le roi m'écrivit qu'il comptait partir le 19 du mois

suivant. Il me témoignait le désir que je lui envoyasse M. de N...
ou M. de Goguelat, pour lui donner tous les renseignements nécessaires sur la route qu'il avait à suivre. Le lendemain de la réception
de cette lettre, je mandai à Metz ces deux gentilshommes. J'ordonnai
au premier de repartir pour Paris et d'y attendre les ordres du roi ;
je lui recommandai de quitter cette capitale douze heures avant Sa
Majesté et d'ordonner à ses gens de se trouver à Varennes le 18,
avec ses chevaux, après leur avoir bien désigné l'endroit où ils
devraient les placer. A son retour de Paris, il devait s'arrêter à
Pont-de-Somvèle pour y prendre le commandement du détachement
de hussards qui y serait stationné et conduire le roi jusqu'à Sainte-
Menehould. Arrivé dans cette ville, il devait y laisser 450 hussards
destinés à escorter le roi, après leur avoir donné l'ordre de garder la
route de Paris à Varennes et à Verdun et de n'y laisser passer absolument personne, soit en allant, soit en venant... Je le chargeai de
plus, en cas que le roi fût arrêté à Châlons ou dans un autre endroit
après avoir dépassé la ville de réunir toutes les troupes qui se trou-
veraient à Varennes, Clermont et Sainte-Menehould et de faire tous
ses efforts pour délivrer Sa Majesté, en l'assurant en même temps
que je marcherais à l'instant à son secours avec toutes les troupes
que je pourrais rassembler.

J'ordonnai au comte Ch. de Damas de mettre son régiment en
marche, de manière à ce qu'il fût rendu à Sainte-Menehould le 19 et
d'y rester jusqu'au 20, le roi devant passer ce jour-là par cette ville...
Je lui répétai les instructions que j'avais déjà données à M. de N...,
en cas que le roi fût arrêté à Châlons ou ailleurs. Deux jours après,
je dépêchai M. de Goguelat au roi, chargé de l'instruire de toutes
les particularités qui pourraient contribuer à sa retraite. J'ordonnai
à cet officier de prendre, pour se rendre à Paris, par Stenay, Dun,
Varennes, Sainte-Menehould, afin d'examiner de nouveau cette
route et qu'on n'eût pas à se reprocher d'avoir négligé la moindre
des précautions...

Le 13 juin, je partis de Metz, sous le prétexte de visiter les places
frontières du Luxembourg. J'avais si bien persuadé au peuple que
les Autrichiens rassemblaient un corps de troupes de ce côté que je
pus, sans exciter la moindre défiance, réunir dans les environs de
Montmédi le petit nombre de régiments qui me restait. Je ne pus
disposer que de deux bataillons suisses de la garnison de Metz et de
quelques escadrons tirés des garnisons de Thionville, Longwy,
Mézières, Sedan. Toute l'infanterie française était, je l'ai déjà dit,
entièrement mauvaise.

Le 15, je reçus à Longwy une lettre du roi par laquelle il m'apprit que son départ était différé jusqu'au 20, à 1 heure déjà convenue. Le 20 juin, je me rendis à Stenai. Le 21, j'assemblai les officiers généraux qui se trouvaient dans les environs de cette place. Je leur appris qu'il était probable que le roi passerait dans la nuit par Stenai et serait arrivé à Montmédi dès la pointe du jour. Je chargeai le général Kleiglin de préparer un camp sous le canon de cette ville pour 8 bataillons et 30 escadaons, en lui désignant l'endroit où je voulais qu'il fût placé. Je lui ordonnai aussi de tout préparer pour recevoir le roi. Je destinai un château, situé derrière le camp, pour le lieu de sa résidence et de celle de la famille royale, persuadé que Sa Majesté serait plus en sûreté au milieu de son armée qu'enfermée dans une ville. J'envoyai le général Heyman chercher deux régiments de hussards cantonnés sur la Sarre, dans la crainte que le mouvement que je prévoyais devoir être exécuté par la fuite du roi, parmi les troupes des différentes garnisons et parmi le peuple, ne l'empêchât de gagner Montmédy. Je laissai le général d'Hoffelize à Stenai, avec Royal-Allemand, en lui ordonnant de faire seller les chevaux de ce régiment au commencement de la nuit et de se tenir prêt à marcher lui-même à la pointe du jour. Je lui donnai aussi l'ordre d'envoyer, vers les dix heures du matin, un détachement de 50 hommes se porter entre Stenai et Dun pour y attendre l'arrivée de Sa Majesté.

Quant à moi, je me portai entre Dun et Stenai pour y attendre le roi avec un attelage de mes chevaux et un détachement de Royal-Allemand destiné à lui servir d'escorte jusqu'à Montmédi. Le reste du régiment devait suivre immédiatement. Je recommandai encore à M. de Goguelat d'informer les commandants des différents détachements que si le roi n'était pas reconnu et s'il ne remarquait pas de mouvements extraordinaires dans le peuple, de le laisser passer incognito et de ne monter à cheval que quelques heures après, pour le suivre à Montmédi ; mais au contraire, si le roi était arrêté, de m'informer immédiatement de cet événement, de réunir toutes leurs forces et, sous le commandement de M. de N..., de faire tous leurs efforts pour lui rendre sa liberté.

Tout étant donc ainsi arrangé et par bonheur, sans exciter le moindre soupçon dans l'esprit du peuple des villes et des villages environnants, à neuf heures du soir je partis de Stenai. A mon arrivée à Dun, connaissant les mauvaises dispositions des habitants, je n'entrai point ; mais je restai à cheval près de la porte. J'imaginai que le roi arriverait à cette place entre deux et trois heures du matin et que son courrier le précéderait au moins de deux heures.

J'attendis donc là jusqu'à quatre heures. Le jour commençant alors à paraître et n'ayant reçu aucune nouvelle du roi, je me hâtai de retourner à Stenai, afin de pouvoir donner mes ordres au général Kleighn et au régiment de Royal-Allemand, en cas qu'il fût arrivé au roi quelque accident auquel je pusse remédier. En une demi-heure, j'arrivai à Stenay ; j'en avais à peine atteint la porte que les deux officiers que j'avais envoyés à Varennes et (à mon grand étonnement) le commandant de l'escadron de hussards stationné dans cette ville me rejoignirent et m'apprirent qu'environ à onze heures et demie du soir, le roi y avait été arrêté.

Après avoir reçu ces informations, je résolus de me mettre moi-même à la tête de Royal-Allemand qui faisait ma principale force, de marcher au secours du roi et de l'accompagner ainsi jusqu'à Montmédi, afin de le protéger contre la ville de Stenai qui était mal intentionnée et contre celle de Sedan, beaucoup plus dangereuse encore à cause des mauvaises dispositions de ses nombreux habitants et de sa garnison. En conséquence, j'ordonnai à ce régiment de monter à cheval. Le général Kleiglin eut ordre de se rendre à Stenai avec deux escadrons et d'y rester, d'envoyer à Dun un bataillon du régiment de Nassau qui était à Montmédi, afin de garder le passage de la Meuse, ce qui, dans la circonstance, était extrèmement important, et de diriger vers Stenai la marche du régiment suisse de Castella, alors en route pour Montmédy. Enfin je commandai à une partie de l'escadron des hussards stationnés à Dun et au détachement de Royal-Allemand posté entre cette ville et Stenay, de marcher en diligence sur Varennes, me flattant qu'ils parviendraient du moins à empêcher la jonction des gardes nationales des environs avec celle de la ville. Le commandant de cet escadron de hussards n'avait pas attendu mes cordres. Il s'était mis en marche dès qu'il avait appris l'arrestation du roi.

Toutes mes mesures ainsi prises, je n'attendais plus que le régiment de Royal-Allemand, il fut très longtemps avant de sortir de la ville, quoique la veille j'eusse donné l'ordre qu'il fût prêt à monter à cheval avant la pointe du jour. En vain, j'envoyai mon fils cinq à six fois presser le commandant ; je ne pouvais rien entreprendre sans ce régiment et j'avoue que je ne m'en rapportais qu'à moi seul pour le conduire. Aussitôt qu'il fût sorti de la ville, j'informai les soldats que le roi venait d'être arrêté à Varennes. Je leur lus les ordres de Sa Majesté qui enjoignaient aux troupes de l'escorter et de faire les derniers efforts, afin d'assurer sa retraite et celle de la famille royale. Je les trouvai dans les meilleures dispositions. Je leur distribuai 400 louis d'or. Je me plaçai à leur tête et me mis en marche.

On sait le reste : la reconnaissance de Louis XVI par

Drouet, sa dénonciation aux autorités de Varennes et l'arrestation de la famille royale.

Dans ses *Mémoires*, le baron de Goguelat confirme les explications du marquis de Bouillé sur la disposition des troupes chargées de veiller sur le roi ; il dit que cent hussards du régiment de Lauzun se trouvaient à Dun, sous le commandement de M. Delson, chef d'escadron ; 50 cavaliers de Royal-Allemand à Mouzay, sous le commandement de M. Guntzer, chef d'escadron ; le reste du régiment de Royal-Allemand à Stenay, avec son colonel, le baron de Mandell.

Au premier signal ou en cas d'alerte, tous ces détachements devaient se porter en avant, dans la direction de Varennes. Plusieurs d'entre eux et leurs officiers se rendirent même jusqu'à cette ville, mais n'osèrent ou ne purent tenter une attaque de vive force sur cette ville dont l'entrée était fortifiée et gardée militairement.

De ce moment, la destinée de Louis XVI et des siens était décidée ; malgré la minutie et la précision des dispositions de Bouillé, la fortune s'était déclarée contre le dernier des Capet.

Il n'a tenu qu'à fort peu de chose que l'histoire déjà si mouvementée de Montmédy ne s'enrichît d'une page nouvelle. Quel eût été le sort de la France et du roi, si celui-ci eût pu gagner cette ville ? Il est impossible de le pronostiquer. Cela n'enlève rien au dramatique de l'agonie de la royauté, ni à l'intérêt de la vie montmédienne à cette époque dont nous avons essayé de reproduire un des aspects et de faire revivre une des minutes les plus palpitantes de son histoire.

** **

Le *Courrier de la Champagne* (Reims) a publié dans ses derniers numéros de novembre 1901 le texte inédit du procès-verbal de l'arrestation de Louis XVI, découvert tout récemment à Varennes dans une maison habitée par le procureur Sauce.

Nous en extrayons quelques passages relatifs aux dispo-

sitions prises pour protéger la fuite du roi entre Varennes
et Montmédy :

Cent hussards du 6ᵉ régiment ci-devant Lauzun étoient en détachement en cette ville (Varennes) par les ordres de M. de Bouillé.
Le lundi 20 de ce mois, on vit partir à cinq heures du matin quarante hussards ayant à leur tête un officier nommé Boudet avec un
trompette, pour aller à la rencontre d'un trésor destiné pour un
camp qui devait se former près de Montmédy.

. . . .

Le fils Bouillé, avec son camarade, au moment de l'arrivée du roi,
étaient partis à toute bride pour Dun et Stenay, et pour faire avancer
les cent hussards qui étaient en détachement à Dun, et le régiment
de Royal-Allemand qui était à Stenay et dont un détachement d'environ cent hommes avait été avancé dans la nuit à Mouzay.

Après l'arrestation de Louis XVI, quand la municipalité
de Varennes s'oppose à sa marche sur Montmédy :

Au moment où tout se préparait pour le départ (du roi pour Paris),
un détachement de hussards qui était à Dun, ayant à sa tête le
capitaine d'Eslon, qui commandait également le détachement de
Varennes, se présenta à l'entrée de la ville qui était barricadée, il
voulait essayer de pénétrer, on lui opposa des forces qui l'arrêtèrent
et l'empêchèrent de le diriger par aucune issue.

. . . .

Une circonstance qu'on ne doit point échapper, nous l'avons
apprise de la garde nationale de Romagne, qui accourait auprès de
nous, et d'un cavalier de la gendarmerie nationale de cette ville qui
venait de porter les ordres dans tous les villages.

Dans leur route entre la Grange au Bois et Ecclife-fontaine, dis-
tante de deux petites lieues, ils avaient rencontré le régiment du
Royal-Allemand. L'avant-garde se porta sur eux, et sans leur résistance et l'avantage du local (s'étant rangé en bataille le long du bois)
ils eurent été forcés de prendre la fuite ou de soutenir une attaque.
Leur bonne contenance détermina l'avant-garde à passer outre ; et
tout le régiment défila devant eux, de même que le détachement des
hussards qui marchait à la suite. Le commandant de cette garde
nationale, ancien militaire, prétend avoir reconnu à la tête de cette
troupe Bouillé père et le maréchal de Broglie, suivis de beaucoup
d'autres officiers distingués.

. . . .

Toute la France a partagé notre situation, les gardes nationales les plus éloignées étaient en route ; celles de Bar, chef-lieu du département, de Ligny et de plusieurs villages des environs s'étaient avancées jusqu'à Clermont. Au moment où elles se mettaient en marche pour le retour, on annonce que quelques corps de troupes étrangères paraissent sur les bords de la Meuse vers Consenvoye. A l'instant, la garde nationale à pied se porte rapidement vers l'endroit qu'on dit attaqué, tandis qu'un détachement à cheval de la même garde arrive chez nous, court de là à la découverte ; et après une marche la plus prompte, il vient nous rassurer en nous apportant que cette alarme n'avait d'autre fondement que le passage du régiment de Casella à Consenvoye, sur la route de Verdun à Dun. On dépêcha un courrier pour arrêter au moins quatre à cinq mille hommes qui s'étaient réunis à Clermont.

Les représentants de la Meuse à la Convention

et le jugement de Louis XVI

Nous croyons devoir compléter l'étude de cet incident de la Révolution par quelques détails sur les députés de la Meuse à la Convention au moment de l'arrestation du roi et du rôle qu'ils jouèrent dans son jugement par cette Assemblée.

Ils étaient au nombre de huit :

Bazoche, qui fut plus tard membre du Conseil des Cinq-Cents et secrétaire de cette Assemblée ;

Humbert, également membre des Cinq-Cents dans la suite ;

Harmand (de Souilly), qui fut à la Convention membre du comité de Sûreté générale, puis membre du Conseil des Anciens, dont il fut secrétaire, et ensuite des Cinq-Cents ;

Marquis (de Saint-Mihiel), membre de la Convention et grand juge à la Haute-Cour nationale ; élu membre des Cinq-Cents, se démit de ses fonctions pour la place de commissaire des dépôts d'Outre-Rhin ;

Moreau Jean (de Bar), procureur-syndic du département

de la Meuse avant de faire partie de l'Assemblée législative
à la Convention et au Conseil des Anciens ;

Pons (de Verdun), qui fit partie de la plupart des Assem-
blées de la Révolution ;

Roussel ;

Tocquot.

Voici quels furent leurs votes au moment du jugement
de Louis XVI (HÉNAULT et MICHAUD : *Abrégé chronolo-
gique de l'Histoire de France)* :

Aux deux questions : Louis Capet est-il coupable ? Y
aura-t-il un appel au peuple ? tous répondirent *oui.*

A la question : Quelle peine sera infligée à Louis Capet ?
les avis se partagèrent. Moreau et Roussel votèrent pour
sa détention immédiate et son bannissement du territoire
quand la paix serait signée ; Harmand vota pour son
bannissement immédiat ; Humbert vota pour sa détention
et son bannissement à la paix, avec la peine de mort en
cas de retour en France ; Marquis, Tocquot et Bazoche
votèrent pour la détention perpétuelle ; Pons, de Verdun,
seul vota pour la peine de mort.

Sociétés savantes en correspondance avec la Société des Naturalistes et Archéologues du Nord de la Meuse

SOCIÉTÉS FRANÇAISES

Société philomatique de Verdun.
Revue d'Ardenne et d'Argonne, à Sedan.
Société de Géographie de l'Est, rue des Tiercelins, Nancy.
Académie de Stanislas, à Nancy.
Société d'Archéologie lorraine, à Nancy.
Société d'Histoire naturelle d'Autun (Saône-et-Loire).
Société d'Etudé des Sciences naturelles d'Elbeuf.
Société d'Etude des Sciences naturelles de Reims.
Le Naturaliste (Deyrolle, 46, rue du Bac, à Paris).
Société d'Etude des Sciences naturelles de Béziers.
Société des Sciences naturelles de l'Ouest de la France (Muséum d'histoire naturelle de Nantes).
Société des Lettres, Arts et Sciences de Bar-le-Duc.
Société d'Histoire naturelle des Ardennes, à Charleville.
Société des Sciences naturelles de Saône-et-Loire, à Châlon-sur-Saône.
Société des Sciences naturelles de la Haute-Saône, à Vesoul.
Société d'Etudes scientifiques de l'Aude, à Carcassonne.
Société d'Histoire naturelle de la Savoie, à Chambéry.

SOCIÉTÉS ÉTRANGÈRES

Société d'Archéologie lorraine, à Metz.
Société d'Histoire naturelle de Metz (M. l'abbé Frieren, directeur du Petit Séminaire de Montigny-les-Metz, secrétaire).
Société royale de Botanique de Belgique, à Bruxelles.
Société botanique du Grand-Duché de Luxembourg.
Fauna, Société des Naturalistes luxembourgeois, à Luxembourg.
Institut archéologique d'Arlon.

LISTE DES MEMBRES

DE LA

Société des Naturalistes et Archéologues du Nord de la Meuse

Fondateur de la Société : M. Ph. PIERROT, A ☙.

Composition du Bureau pour 1900-1903 :

Président d'honneur : M. L. DE BULLEMONT, O ✿.
Président : M. J. CARDOT.
Vice-Présidents : M. H. BERTRAND, A ☙.
M. F. HOUZELLE, A ☙.
Secrétaire général, trésorier-archiviste : M. A. PIERROT.
Secrétaire des séances : M. O. LEPOINTE.

Membres de la Commission :
pour les sciences :
MM. PANAU, PAULOT et PERRIN.
pour l'archéologie et l'histoire locale :
MM. CURÉ, A ☙, DUCLUZEAUX, GOUJON.

Membres d'honneur :
M. DAUTZENBERG, I P ☙.
M. Léon GERMAIN, A ☙, membre de l'Académie de Stanislas, secrétaire perpétuel de la Société d'Archéologie lorraine.

Membres effectifs.

ABRAHAM, instituteur à Grand-Verneuil....... 8 mai 1890
ALBUSTROFF Henri, négociant à Montmédy... 6 juillet 1893
ANTHONIAS, propriétaire à Stenay........... 23 octobre 1891
ARQUEVAUX Arsène, propriétaire à Senon..... 23 juillet 1893
BALDÉ Louis, maire et conseiller d'arrondissement à Sorbey....................... 11 octobre 1888
BAUDSON Edouard, de Dun................ 18 octobre 1900
BÉMER, vétérinaire à Montfaucon ....
BERTRAND H., A ☙, docteur en médecine et délégué cantonal à Consenvoye.......... fondateur.

BLONDEAU Henri, négociant à Montmédy...... 6 juillet 1893
BIGUET, instituteur à Gesnes ....
BRETON Constant, élève en pharmacie à Saint-
    Mihiel................................. 11 octobre 1888
BRIER, notaire à Dun...................... 21 avril 1898
BRUNEAU, juge à Montmédy................ 23 octobre 1892
CARDOT Jules, 1, square du Petit-Bois, à Char-
    leville.............................. fondateur
CASTANET, secrétaire de la Sous-Préfecture de
    Montmédy............................ 18 septembre 1898
CÉLICE Léon, docteur en médecine à Dun..... 11 octobre 1888
CHOUILLY, instituteur à Velosnes .... 26 juin 1898
CHRISTOPHE Eustache, à Forges............. 13 mai 1888
COCU J., vétérinaire, 19, rue des Fermiers, à
    Paris .... fondateur.
CURÉ, I P ✠. inspecteur primaire à Montmédy 8 mai 1890
DELAYRE Léon, négociant à Montmédy....... 12 juillet 1891
DESSEILLE, rentier à Avioth .... 23 octobre 1892
Directeur du Pensionnat de Juvigny .... 21 avril 1898
DRAPPIER Jules, négociant et conseiller général
    à Stenay .... 16 mai 1889
DUBUISSON, curé de Marville............... 26 mai 1898
DUCHESNE, instituteur à Jametz............. 22 août 1895
DUCLUZEAUX Charles, docteur en médecine à
    Stenay.............................. 11 octobre 1888
ERRARD Adolphe, percepteur et délégué cantonal
    à Thonnelle......................... 3 novembre 1889
ERRARD Théophile, juge à Montmédy......... 16 mai 1889
FOIZY, huissier à Montmédy................ 25 août 1896
FRANÇOIS Henri, négociant à Montmédy...... 1er juin 1891
FRISTOT, juge suppléant à Montmédy......... 21 avril 1898
GALLAS, pharmacien à Dun................ 11 octobre 1888
GENQUIN P., à Villers-les-Mangiennes... ..... 21 avril 1898
GÉRARD, instituteur à Montigny-devant-Sassey 11 octobre 1888
GIRARDOT père, à Montmédy................
GIRARDOT fils, à Montmédy ....
GIVRON, instituteur à Baâlon .... 21 avril 1898
GIVRON, receveur des postes à Montmédy ..... 21 avril 1898
GODET Ernest, à Mont-devant-Sassey......... 18 octobre 1900
GOUJON, avoué à Montmédy................ 27 septembre 1897
GOUJON, pharmacien à Damvillers........... 21 avril 1898
GRÉGOIRE, instituteur à Thonne-le-Thil ...... 11 octobre 1888

Groffe, huissier à Montfaucon..............	21 avril 1898
Guillaume Edmond, adjoint à Marville	18 septembre 1898
Guillin, notaire à Montmédy...............	10 juillet 1892
Guilmart, conducteur des ponts-et-chaussées à Stenay............................	16 mai 1889
Guy, contrôleur des contributions directes à Stenay............................	16 mai 1889
Henry, chef de gare en retraite à Lancuville..	5 juillet 1900
Houzelle F., ✠, instituteur à Montmédy-Bas.	fondateur
Huard, instituteur à Thonne-la-Long.........	29 juillet 1897
Lairé Marius, avoué à Montmédy............	25 mai 1893
Lamorlette, ✠, chef de bataillon en retraite à Mouzay..............................	8 mai 1899
Lapanne, pharmacien à Verdun	11 octobre 1888
Lefèvre, greffier de paix à Damvillers.......	21 avril 1898
Legendre, notaire à Stenay.................	17 août 1892
Legendre, receveur des finances à Montmédy.	21 avril 1898
Lehuraux, instituteur à Liny-devant-Dun....	26 mai 1898
Lehureaux, instituteur-adjoint à Damvillers..	5 juillet 1900
Lemaire Jules, à Stenay...................	31 octobre 1897
Lepointe O., directeur d'école à Stenay......	fondateur
Lesourd, instituteur à Milly-devant-Dun.....	26 mai 1898
Liénard, curé de Thonne-le-Thil.............	18 septembre 1898
Loraux, A ✠, curé de Grand-Verneuil.......	21 avril 1898
Maillard, conseiller général à Damvillers....	21 avril 1898
Maurice, rentier à Montmédy...............	26 juin 1898
Mercier, instituteur à Moulins	25 mai 1893
Michel, brigadier des douanes en retraite à Avioth...............................	26 juin 1898
Monnaux-Quillot, à Saint-Laurent	21 avril 1898
Montlibert, instituteur à Olizy.............	21 avril 1898
Mutelet, vétérinaire à Nouillonpont........	11 octobre 1888
Neveux Arthur, électricien à Montmédy......	25 mai 1893
Panau, négociant, juge au tribunal de commerce, rue Saint-Pierre, à Verdun	11 octobre 1888
Paulot Tancrède, instituteur à Breux........	fondateur
Perrin, conducteur des ponts-et-chaussées à Verdun	11 octobre 1888
Picton, percepteur à Stenay...............	
Pierre, instituteur à Lion-devant-Dun.......	22 juin 1890
Pierrot Alfred, rédacteur en chef du *Journal de Montmédy*	13 mai 1897

PIERROT Emile, vétérinaire à Stenay . . . . 10 mai 1895
PIERROT Georges, directeur du *Journal de Montmédy* . . . . 13 mai 1897
RICHARD Hippolyte, à Montmédy . . . . 29 juin 1899
RICHARD, instituteur à Luzy . . . . 26 mai 1898
RIGAUX, 11 bis, rue Chomel, à Paris . . . . 11 octobre 1888
ROBERT, curé-archiprêtre de Montmédy . . . . 21 avril 1898
ROBERT Emile, vétérinaire à Montmédy . . . . 4 juin 1891
SAUVAGE Emile, négociant à Montmédy . . . . 21 avril 1898
SCHAUDEL, A ✪, receveur principal des douanes à Chambéry . . . . 11 octobre 1888
SCHIMBERG, huissier à Stenay . . . . 23 septembre 1894
SÉVRIN, conseiller d'arrondissement à Juvigny . 21 avril 1898
SIMON, pharmacien à Marville . . . . 4 juin 1891
SPIRAL Ch., docteur en médecine à Montmédy. 4 juillet 1889
SPIRAL Georges, agriculteur à Montmédy . . . . . . 25 août 1896
SPIRAL Henri, étudiant en médecine à Montmédy . . . . 25 août 1896
STILLGER, pâtissier à Montmédy . . . . 26 mai 1898
THIRION Paul, à Rupt-sur-Othain . . . . 21 avril 1898
THOMASSIN (l'abbé), aumônier du pensionnat de Juvigny . . . . 26 juin 1898
TONNER, vétérinaire militaire à Stenay . . . . 27 octobre 1895
TRIPETTE Gustave, négociant à Marville . . . . . . 21 avril 1898
TRONVILLE, rentier à Montmédy . . . . 21 avril 1898
TROUSLARD, huissier à Montmédy . . . . 21 avril 1898
VAUTHRIN, pharmacien à Stenay . . . . 11 octobre 1888
VAUTIER Louis, avoué à Montmédy . . . . 6 juillet 1893
VICQ, docteur en médecine à Sampigny . . . . 11 octobre 1888
VIGOUR Hippolyte, à Stenay . . . . 5 juillet 1900
VILLARD, avoué à Montmédy . . . . 27 septembre 1897
VISSEAUX Emile, minotier, délégué cantonal à Stenay . . . . 11 octobre 1888
VUILLAUME, instituteur à Beaufort . . . . fondateur
WARIN, instituteur à Cunel . . . . 27 septembre 1897
WARIN-SIMON, pharmacien à Stenay . . . . 5 juin 1889

Membres associés

APPOLINAIRE-MARIE (frère), au Pensionnat Saint-Joseph, à Longuyon . . . . 15 juillet 1898
BACLIN (Mlle), institutrice retraitée à Epiez . . . . 30 juillet 1891

BASTIEN Gaston, juge de paix à Souilly .... 23 juillet 1893
BESTEL, président de la *Société d'Histoire naturelle des Ardennes*, à Charleville.. 29 juin 1899
BOBIER, huissier à Longuyon .... 12 août 1900
BOUF (Mlle), institutrice à Immonville, par Bricy 28 juillet 1892
BULLEMONT (de), O ✻, rentier à Charny ..... 6 juin 1890
BUVIGNIER-CLOUET (Mlle), à Verdun .... 21 avril 1898
CÉSAR Jules, ex-directeur du Jardin des Plantes de Metz, à Charency-Vezin .... 12 août 1900
COLIEZ, docteur en médecine à Longwy .... 21 avril 1898
DAUTZENBERG, I P ✻, rue de l'Université, 213, à Paris .... 23 octobre 1892
DELAVAL Albert, à Saint-Max, par Nancy .... 26 mai 1898
DENAIFFE, ✻, négociant en graines fourragères à Carignan (Ardennes) .... 23 octobre 1892
GERMAIN Léon, I P ✻, 26, rue Héré, à Nancy 31 octobre 1897
GRAFFIN, propriétaire à Belval, par Buzancy .. 21 avril 1898
GUICHARD, receveur d'enregistrement à Arleu (Nord) .... 21 avril 1898
GUYOT, commis principal des douanes à Nancy. 29 juin 1899
HEIM Frédéric, professeur agrégé près la Faculté de médecine de Paris, 34, rue Hamelin... 12 juillet 1892
HENRY, professeur à l'Ecole vétérinaire de Lyon 4 mai 1893
HENRY, liquidateur, 30, faubourg du Ménil, à Sedan .... 21 avril 1898
JACOB, ancien archiviste à Bar-le-Duc .... 21 avril 1898
JAILLOT, ✻, médecin-major en retraite à Sedan 7 juin 1900
JOYEUX, notaire à Triaucourt .... 2 juillet 1896
KRÉMER, capitaine au 160e, à Toul .... 9 juillet 1899
LALLEMAND, conseiller honoraire à Bizanos, près Pau ....
LAMBERTYE (marquis de), au château de Cons-la-Grandville .... 26 mai 1898
LAPASQUE, percepteur à Charny .... 21 avril 1898
LEFEBURE, A ✻, secrétaire général de la Somme, à Amiens .... 21 avril 1898
LEGROM DE MARET (comte), 43, rue de Chézy, à Neuilly-sur-Seine .... 15 novembre 1898
LINDEN, propriétaire de l'Hôtel de la Sirène, à Etain ....
LOPPINET, inspecteur des forêts, 4, rue des Michottes, à Nancy .... 18 septembre 1898

PAQUIN, huissier à Longwy .... 21 avril 1898
PHILIPPOTEAUX A., avocat à Sedan .... 21 avril 1898
PILLOT, professeur à l'Ecole normale de Melun 30 novembre 1890
POINCELOT, principal du collège d'Etain ...... 21 avril 1898
POTRON, suppléant du juge de paix à Mouzon
    (Ardennes) .... 4 juillet 1889
ROBINET DE CLÉRY, avocat, 6, rue du Cloître
    Notre-Dame, à Paris................. 21 avril 1898
RODANGE, entrepreneur à Longwy-Bas........ 23 juillet 1893
THIRIET, conservateur du Musée de Sedan .... 16 mai 1889
VERNIER Paul, 73, rue des Quatre Eglises, à
    Nancy .... 21 avril 1898
VÉRY, huissier à Longuyon................. 21 avril 1898
VIANSSON PONTÉ, curé de Haucourt-Moulaine,
    par Longwy .... 26 juin 1898
VILLARD, docteur en médecine, 48, rue Saint-
    Pierre, à Verdun.................... 13 mai 1897
WAHIN Charles, professeur à l'Ecole profes-
    sionnelle de l'Est, à Nancy .... 16 mai 1895
XARDEL, avocat, rue Montesquieu, à Nancy ... 21 avril 1898

Pupilles de la Société

CARDOT Henry, à Charleville................ 12 novembre 1896
ERRARD Paul, instituteur-adjoint à l'école du
    Centre, à Bar-le-Duc................. 12 novembre 1896

TABLE DES MATIÈRES